高水平地方应用型大学建设系列教材

水污染控制工程
课程设计指导

时鹏辉　闵宇霖　胡晨燕　编著

北　京

冶　金　工　业　出　版　社

2024

内 容 提 要

本书针对应用型大学课程设计环节，以典型城市污水处理厂工艺设计作为环境工程专业"水污染控制工程"课程设计的题目，主要介绍城市污水处理厂工艺设计的程序、内容、方法和工艺计算。设计部分重点介绍设计原理和方法，同时附有设计实例，结合课程设计的基本要求和设计内容要求进行讲解，使学生做课程设计时既有参考范本，同时又能熟悉设计规范并获得许多设计经验，为完成规范优质的课程设计打下基础。

本书可作为环境工程、市政工程、给水排水工程等专业的本科生和研究生教材也可作为工业企业环境保护与环境工程专业技术人员和管理人员的参考书或培训教材。

图书在版编目(CIP)数据

水污染控制工程课程设计指导/时鹏辉，闵宇霖，胡晨燕编著. —北京：冶金工业出版社，2021.10（2024.7 重印）

高水平地方应用型大学建设系列教材

ISBN 978-7-5024-8921-2

Ⅰ.①水… Ⅱ.①时… ②闵… ③胡… Ⅲ.①水污染—污染控制—高等学校—教材 Ⅳ.①X520.6

中国版本图书馆 CIP 数据核字（2021）第 184829 号

水污染控制工程课程设计指导

出版发行 冶金工业出版社		**电 话** (010)64027926	
地 址 北京市东城区嵩祝院北巷 39 号		**邮 编** 100009	
网 址 www.mip1953.com		**电子信箱** service@ mip1953.com	

责任编辑 王 颖 程志宏 美术编辑 吕欣童 版式设计 禹 蕊
责任校对 郑 娟 责任印制 禹 蕊
北京富资园科技发展有限公司印刷
2021 年 10 月第 1 版，2024 年 7 月第 3 次印刷
710mm×1000mm 1/16；9.75 印张；188 千字；143 页
定价 39.00 元

投稿电话 (010)64027932 投稿信箱 tougao@ cnmip. com. cn
营销中心电话 (010)64044283
冶金工业出版社天猫旗舰店 yjgycbs. tmall. com
（本书如有印装质量问题，本社营销中心负责退换）

《高水平地方应用型大学建设系列教材》序

　　应用型大学教育是高等教育结构中的重要组成部分。高水平地方应用型高校在培养复合型人才、服务地方经济发展以及为现代产业体系提供高素质应用型人才方面越来越显现出不可替代的作用。2019 年，上海电力大学获批上海市首个高水平地方应用型高校建设试点单位，为学校以能源电力为特色，着力发展清洁安全发电、智能电网和智慧能源管理三大学科，打造专业品牌，增强科研层级，提升专业水平和服务能力提出了更高的要求和发展的动力。清洁安全发电学科汇聚化学工程与工艺、材料科学与工程、材料化学、环境工程、应用化学、新能源科学与工程、能源与动力工程等专业，力求培养出具有创新意识、创新性思维和创新能力的高水平应用型建设者，为煤清洁燃烧和高效利用、水质安全与控制、环境保护、设备安全、新能源开发、储能系统、分布式能源系统等产业，输出合格应用型优秀人才，支撑国家和地方先进电力事业的发展。

　　教材建设是搞好应用型特色高校建设非常重要的方面。以往应用型大学的本科教学主要使用普通高等教育教学用书，实践证明并不适应在应用型高校教学使用。由于密切结合行业特色及新的生产工艺以及与先进教学实验设备相适应且实践性强的教材稀缺，迫切需要教材改革和创新。编写应用性和实践性强及有行业特色教材，是提高应用型人才培养质量的重要保障。国外一些教育发达国家的基础课教材涉及内容广、应用性强，确实值得我国应用型高校教材编写出版借鉴和参考。

为此，上海电力大学和冶金工业出版社合作共同组织了高水平地方应用型大学建设系列教材的编写，包括课程设计、实践与实习指导、实验指导等各类型的教学用书，首批出版教材 18 种。教材的编写将遵循应用型高校教学特色、学以致用、实践教学的原则，既保证教学内容的完整性、基础性，又强调其应用性，突出产教融合，将教学和学生专业知识和素质能力提升相结合。

本系列教材的出版发行，对于我校高水平地方应用型大学的建设、高素质应用型人才培养具有十分重要的现实意义，也将为教育综合改革提供示范素材。

上海电力大学校长　李和兴

2020 年 4 月

前　言

中国工程教育专业认证就是确认工科专业毕业生达到行业认可的既定质量要求，对环境工程专业毕业生的要求为能够将数学、物理、化学、生物等自然科学知识以及工程基础和专业知识用于解决工业发展进程中的复杂环境工程问题。实践教学环节是应用型大学本科教学重要的教学环节之一，也是提升环境工程专业学生解决复杂环境工程问题能力的重要环节之一。

课程设计是水污染控制工程课程教学的一个重要的实践性教学环节，其目的是了解废水处理工程设计的一般程序和基本步骤，使学生在设计中学习、巩固和提高工程设计理论与解决实际问题的能力；根据城市污水的水质、水量和处理要求提出处理方案、选择工艺流程的基本原则，深化对本课程中基本概念、基本原理和基本设计计算方法的理解；掌握各种处理工艺和方法在处理流程中的作用、相互联系和关系以及适用条件、处理效果的分析比较，了解设计计算说明书基本内容和编制方法，初步训练学生查阅技术文献、资料、手册，进行工程基本计算、工艺设计和制图能力。通过本课程设计的训练，使学生具备独立进行城市污水厂的工艺优选和技术设计基本能力，也初步具备编制设计文件的能力，加强学生走出校门进入工作岗位后对水污染控制工程的综合理解和实际应用的能力。

本书由上海电力大学环境与化学工程学院时鹏辉、闵宇霖、胡晨燕编著。

由于编者水平所限，书中疏漏和不妥之处，恳请广大读者批评指正。

时鹏辉

2021 年 8 月

目　　录

绪论 ………………………………………………………………… 1

1　设计规模与设计水质 ………………………………………… 2

1.1　设计规模 …………………………………………………… 2
1.1.1　设计人口法 ……………………………………………… 2
1.1.2　实测法 …………………………………………………… 3
1.2　设计水质 …………………………………………………… 3

2　工艺流程 ……………………………………………………… 5

2.1　处理程度的确定 …………………………………………… 5
2.1.1　根据自净能力确定处理程度 …………………………… 5
2.1.2　根据排放标准确定处理程度 …………………………… 5
2.2　处理方法的确定 …………………………………………… 6
2.3　处理流程的确定 …………………………………………… 6

3　单体构筑物设计 ……………………………………………… 9

3.1　格栅 ………………………………………………………… 9
3.1.1　设计参数及其规定 ……………………………………… 10
3.1.2　格栅工艺尺寸的计算公式 ……………………………… 10
3.2　沉砂池 ……………………………………………………… 13
3.2.1　沉砂池设计参数及其规定 ……………………………… 13
3.2.2　平流式沉砂池 …………………………………………… 13
3.2.3　曝气沉砂池 ……………………………………………… 19
3.2.4　旋流沉砂池 ……………………………………………… 22
3.3　沉淀池 ……………………………………………………… 23
3.3.1　一般规定 ………………………………………………… 25
3.3.2　平流式沉淀池 …………………………………………… 27
3.3.3　竖流式沉淀池 …………………………………………… 31

3.3.4 　辐流式沉淀池 ································· 34

3.3.5 　斜流式沉淀池 ································· 39

3.4 　隔油池 ··· 41

3.5 　气浮池 ··· 42

3.6 　活性污泥法 ····································· 42

3.6.1 　曝气池 ····································· 43

3.6.2 　厌氧/好氧工艺（A/O 工艺） ················· 48

3.6.3 　生物脱氮除磷（A^2/O 工艺） ············· 52

3.6.4 　SBR 工艺 ··································· 56

3.6.5 　氧化沟工艺 ································· 59

3.6.6 　生物滤池 ··································· 65

3.6.7 　生物转盘法 ································· 75

3.6.8 　生物接触氧化法 ····························· 80

3.6.9 　曝气生物滤池 ······························· 82

3.6.10 　生物流化床 ······························· 85

3.6.11 　活性污泥法与生物膜法比较 ················· 87

3.6.12 　其他常用工艺 ····························· 89

3.7 　二沉池 ··· 94

3.7.1 　特点与构造 ································· 94

3.7.2 　二沉池的设计计算 ··························· 95

3.8 　污泥回流 ······································· 96

3.8.1 　一般说明 ··································· 96

3.8.2 　主要设计参数 ······························· 96

3.8.3 　工艺设计 ··································· 96

3.9 　接触池（消毒池） ······························· 97

3.9.1 　液氯消毒 ··································· 97

3.9.2 　二氧化氯消毒 ······························· 98

3.9.3 　紫外线消毒 ································· 99

3.10 　污泥浓缩池 ··································· 100

3.10.1 　一般说明 ································· 100

3.10.2 　设计参数与要求 ··························· 100

3.11 　污泥消化池 ··································· 101

3.11.1 　一般说明 ································· 101

3.11.2 　设计参数与要求 ··························· 101

3.12 　储泥池 ······································· 103

3.12.1　一般说明 ···················· 103

3.12.2　设计参数与要求 ·············· 103

3.13　污泥脱水 ························· 104

3.13.1　一般说明 ···················· 104

3.13.2　设计参数与要求 ·············· 104

4　污水处理厂水力设计与水力计算 ······· 106

4.1　处理单元 ························· 106

4.1.1　设计原则 ···················· 106

4.1.2　沉淀池 ······················ 106

4.1.3　曝气池 ······················ 106

4.1.4　阻力计算 ···················· 106

4.2　压力流（管道） ··················· 107

4.3　重力流（管道） ··················· 108

4.4　重力流（明渠） ··················· 109

4.5　堰流 ····························· 110

4.5.1　不淹没薄壁三角堰 ············ 110

4.5.2　不淹没薄壁矩形堰 ············ 110

4.6　孔口自由出流 ····················· 111

4.7　孔口非自由（淹没）出流 ··········· 111

4.8　沿程进水集水槽 ··················· 112

5　某城市污水处理厂处理工艺设计 ······· 114

5.1　设计任务书 ······················· 114

5.1.1　设计题目 ···················· 114

5.1.2　设计背景 ···················· 114

5.2　设计指导书 ······················· 116

5.2.1　污水厂设计的内容及原则 ······ 116

5.2.2　污水处理设施设计的一般规定 ··· 117

5.2.3　污水厂厂址选择 ·············· 117

5.2.4　工艺流程选择确定 ············ 118

5.2.5　技术经济分析 ················ 118

5.3　工艺流程选择 ····················· 118

5.3.1　各指标去除率计算 ············ 118

5.3.2　最大流量 Q_{max} ················ 119

5.3.3　工艺流程 …………………………………………………… 119

5.4　构筑物设计及计算 ……………………………………………… 119

5.4.1　粗格栅 ………………………………………………………… 119

5.4.2　提升泵房 ……………………………………………………… 122

5.4.3　细格栅 ………………………………………………………… 123

5.4.4　沉砂池 ………………………………………………………… 124

5.4.5　初沉池 ………………………………………………………… 127

5.4.6　A²/O 工艺 ……………………………………………………… 128

5.4.7　二沉池 ………………………………………………………… 132

5.4.8　消毒池 ………………………………………………………… 136

5.4.9　接触池 ………………………………………………………… 136

5.4.10　计量槽 ………………………………………………………… 137

5.4.11　污泥浓缩池 …………………………………………………… 138

5.4.12　脱水机房 ……………………………………………………… 140

5.5　平面布置 ………………………………………………………… 141

5.5.1　原则 …………………………………………………………… 141

5.5.2　构筑物平面布置 ……………………………………………… 141

5.5.3　排水系统布置 ………………………………………………… 141

5.5.4　厂区道路布置 ………………………………………………… 142

5.5.5　污水处理厂其他建筑平面布置 ……………………………… 142

5.6　高程布置 ………………………………………………………… 142

参考文献 …………………………………………………………………… 143

绪　　论

　　城市污水是我国水环境的主要污染源。城市污水的污染负荷已占我国水环境污染负荷的 60%以上，因此，城市污水处理是我国目前和未来若干年水环境领域的主要任务之一。解决城市污水对水环境污染的重要途径之一就是建设城市污水处理厂。

　　本书主要介绍城市污水处理厂二级处理工艺设计的基本原理、内容、方法、程序和工艺计算。学生在设计课接到设计任务后，应认真阅读有关设计文献并独立收集有关设计资料，在指导教师的协助下，在规定的时间内独立完成课程设计（包括工艺流程选择、单体构筑物设计、设备选型、系统水力计算、平面及高程布置等）。

设计规模与设计水质

设计规模与设计水质的确定是污水处理厂设计的基础。

1.1　设 计 规 模

设计规模 Q 指的是污水处理厂接纳的日平均污水量（单位为 m^3/d）；最大流量指的是污水处理厂最大小时流量（单位为 m^3/h）。

在城市污水处理厂设计中，一般设计规模作为二级处理系统（曝气池、二沉池、污泥回流等）和污泥处理系统的设计流量。最大流量作为一级处理（进水泵房、粗格栅、细格栅、沉砂池和初沉池）的设计流量。

污水处理厂的设计规模一般根据当地城市规划部门确定的近期设计人口（适当考虑或不考虑远期）、人均日排水量、工业规模（转换为当量人口）确定。在以当前城市（或排水区域）状态为设计依据时还可通过现场实测确定。

1.1.1　设计人口法

设计规模按式（1-1）确定：

$$Q = 10^{-3}qW \tag{1-1}$$

最大设计流量为设计规模乘以总变化系数，即

$$Q_{MAX} = k_t Q = 10^{-3}k_t qW/24 \tag{1-2}$$

式中　Q——设计规模，m^3/d；

　Q_{MAX}——最大设计流量，m^3/h；

　k_t——总变化系数；

　q——人均日排水量，升/（天·人）；

　W——当量人口，人。

当量人口按式（1-3）式（1-4）计算：

$$W = W' + \frac{Q'}{q} \tag{1-3}$$

或

$$W = W' + \frac{CQ'}{q'} \tag{1-4}$$

式中　W'——规划设计当量人口，人；

　　　Q'——设计排水区域内工业废水排水流量，m^3/d；

　　　q——每当量人口日排水量，$0.2m^3/d$；

　　　C——设计排水区内工业废水排水 BOD 浓度，g/L；

　　　q'——每当量人口日当量负荷，$60gBOD/d$。

1.1.2　实测法

测定排水区域内总排水口污水流量的历时变化图，从历时变化图上确定设计规模和最大时设计流量，以此作为设计依据。

1.2　设　计　水　质

通常设计水质由甲方给出。在课程设计或毕业设计中，设计水质一般由设计任务书给出。设计人员（或学生）接到设计任务后，应当依据已有的设计经验或现有的设计资料对设计水质正确与否进行判断，从而确定设计水质的合理性和准确性，然后在此基础上进行设计。

表 1-1 是欧洲典型城市污水水质资料，表 1-2 是某市城市污水典型水质资料。

表 1-1　欧洲典型城市污水水质　　　　　　　　　　（mg/L）

项　　目	废　水　类　别			
	高浓度	中浓度	低浓度	极低浓度
T_{COD}（总）	740	530	320	210
D_{COD}（溶解态）	300	210	130	80
S_{COD}（悬浮态）	440	320	190	130
BOD（总）	350	250	150	100
D_{BOD}（溶解态）	140	100	60	40
R_{BOD}（快速）	70	50	30	20
S_{BOD}（可沉淀）	100	75	40	30
TSS（总）	450	300	190	120
PSS（可沉降）	320	210	140	80
TVSS	320	210	140	80
氨氮	50	30	18	12
TN（总氮）	80	50	30	20
N-org（有机氮）	30	20	12	8

续表 1-1

项 目	废 水 类 别			
	高浓度	中浓度	低浓度	极低浓度
TP（总磷）	14	10	6	4
P-PO$_4^{3-}$（无机磷）	10	7	4	3
P-org（有机磷）	4	3	2	1

表 1-2 某市城市污水典型水质 mg/L

项目	典型值
pH	6.5~8
BOD$_5$	180~200
COD	300~350
SS	200~250
TN	25~40
氨氮	20~30
TP	4~5
P-PO$_4^{3-}$（无机磷）	3~4
P-org（有机磷）	1~2

2 工 艺 流 程

工艺流程的确定是污水处理厂设计的重要组成部分。一般来说，污水处理流程确定后，污水处理厂的投资规模、运营费用以及处理效率等也就相继确定了，因此，工艺流程的选择必须给予足够的重视。

2.1 处理程度的确定

工艺流程选择的主要依据是处理程度，因为不同的处理工艺可达到不同的处理程度，从而满足不同的处理要求。

处理程度的确定可通过两种途径进行：一是根据受纳水体的自净能力来决定；二是根据受纳水体的功能和相关的排放标准决定。

2.1.1 根据自净能力确定处理程度

该方法是从整个排水系统（甚至流域）优化的角度考虑，通过对受纳水体的最小剩余自净能力，确定污水处理厂各类污染物的处理效率。

由于我国目前实行的是浓度控制法，要求处理后的水质必须达到相关的排放标准，因此，现阶段该方法尚不适用于城市污水处理系统设计，但这是未来的发展方向，因此，本书未将此列为设计内容，有兴趣的同学可参考有关教材的计算方法。

2.1.2 根据排放标准确定处理程度

《城镇污水处理厂污染物排放标准》（GB 18918—2016）规定了城市污水排放分为一级、二级和三级标准（见表2-1），不同的水域执行不同的标准。以排放标准作为污水处理厂的出水水质可确定相应各污染物的处理程度。

表 2-1　《城镇污水处理厂污染物排放标准》（GB 18918—2016）基本控制项目限值

（mg/L）

项目	一级标准		二级标准	三级标准
	A 标准	B 标准		
COD	50	60	100	120

续表 2-1

项目	一级标准		二级标准	三级标准
	A 标准	B 标准		
BOD$_5$	10	20	30	60
SS	10	20	30	50
总氮 TN（以 N 计）	15	20	—	—
氨氮（以 N 计）	5	8	25	—
TP（以 P 计）	1	1.5	3	5

2.2 处理方法的确定

依据处理程度即可确定相应的处理方法。

污水处理分为生物法、物理法、化学法以及相关的各种组合方法。对于城市污水处理来说经过近百年的研究、发展和实践，已经形成了一套经实践检验行之有效且经济可靠的处理方法。

以除碳（COD）处理为主时，其核心处理方法一般为生物法［普通（传统）活性污泥法或其变种］。

以除碳和脱氮为主的处理时，一般也为生物法(硝化—反硝化)。

以除碳、脱氮和除磷为主时，可选择生物法、生物法+化学法或单纯化学法。

2.3 处理流程的确定

本设计为城市污水二级处理工艺中以除碳(COD)为主要目标（不要求生物脱氮除磷）。城市污水二级处理的典型流程如图 2-1 所示。

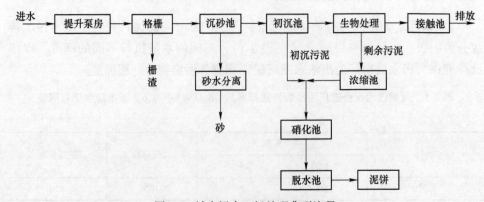

图 2-1 城市污水二级处理典型流程

二级处理的核心为生物处理，可采用活性污泥法或生物膜法。生物膜法目前主要应用于中、小型污水处理厂，由于其卫生方面的问题，在国内应用较少。而活性污泥法则应用较为广泛。

活性污泥法有多种流程，如普通（传统）活性污泥法（conventional activated sludge process）、吸附再生活性污泥法（contact-stabilization activated sludge process）、完全混合活性污泥法（completely mixed activated sludge process）、逐步曝气活性污泥法（step aeration activated sludge process）和带有选择池的氧化沟法（oxidation ditch with anoxic selector）等（见图 2-2），各种工艺均能满足除碳的要

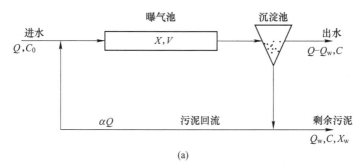

(a)

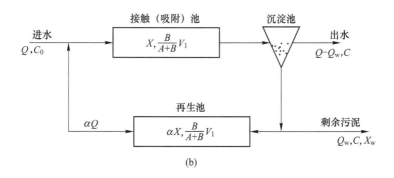

(b)

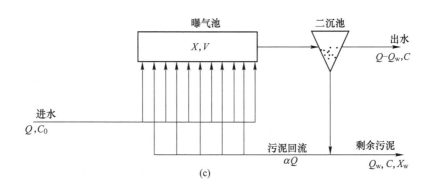

(c)

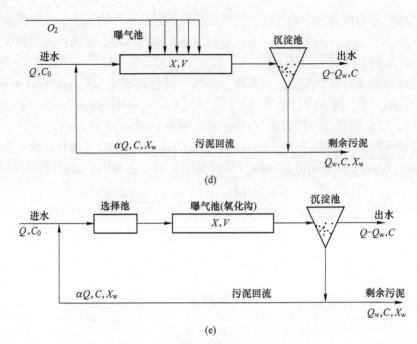

图 2-2　城市污水除碳处理工艺

（a）普通（传统）活性污泥法；（b）吸附再生活性污泥法；（c）完全混合活性污泥法；

（d）逐步曝气活性污泥法；（e）带有选择池的氧化沟法

求，但相应的操作条件不同（见表 2-2），由此造成曝气池的容积、污泥回流规模及供气量等的工艺差异，而工艺差异必然带来建设投资和运营费用的差异。

　　在确定处理流程时，应当根据处理程度、占地面积、投资规模、运营费用等因素，通过技术、经济比较后确定。

表 2-2　各种活性污泥系统的操作条件及去除效率

工艺流程	污泥负荷 /kg · (kg·d)$^{-1}$	容积负荷 /kg · (m^3·d)$^{-1}$	曝气池污泥浓度 MLSS /mg·L^{-1}	污泥龄/d	气水比 /m^3· m^{-3}	水力停留时间 /h	污泥回流比 /%	污泥指数 /mL· g^{-1}	产泥率/%	BOD去除率/%
普通（传统）活性污泥法	0.2~0.4	0.3~0.8	1500~2000	2~4	3~7	6~8	20~50	60~120	1~2	95
吸附再生活性污泥法	0.2	0.8~1.4	2000~8000	4	12	5	50~100	50~100	1~2	90
完全混合活性污泥法	0.2~0.4	0.3~0.8	1500~2000	2~4	3~7	6~8	20~50	50~150	1~2	90
逐步曝气活性污泥法	0.2~0.4	0.4~1.4	2000~3000	2~4	3~7	3~6	20~30	100~200	1~2	95
带有选择池的氧化沟法	0.05~0.15	0.2~0.4	2000~6000	15~30	15~30	24~48	50~150	50	0.25	90~95

3 单体构筑物设计

单体构筑物的设计是将组成工艺流程的各单元操作或过程具体化，主要内容包括确定单体构筑物的形式、构造、工艺尺寸、工艺设备以及结构形式等，为构筑物的建筑、结构、电力、机械及其他配套设计提供设计条件和必需的工艺工程装备。

3.1 格　栅

格栅用以去除废水中较大的悬浮物、漂浮物、纤维物质和固体颗粒物质，以保证后续处理单元和水泵的正常运行，减轻后续处理单元的处理负荷，防止阻塞排泥管道。

污水处理用格栅分为泵前格栅和明渠格栅，前者作用为保护水泵，后者为保证后续处理系统的正常运行，目前普遍均做成明渠格栅。一般泵前格栅为粗格栅（间距为 20~50mm）；泵后格栅为细格栅（间距为 5~20mm）。对细格栅的设计趋向于格栅间距越来越小。当采用人工清渣时，由于清渣周期的限制，格栅阻力增大，因此，一般设置渐变段，以防止栅前涌水过高，见图 3-1（a）。当采用机械清渣时，由于机械连续工作，格栅余渣较少，阻力损失几乎不变，通常不设渐变段，见图 3-1（b）。

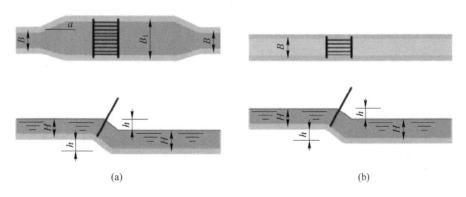

图 3-1　不同清渣方式的格栅设计形式

（a）人工清渣；（b）机械清渣

3.1.1 设计参数及其规定

（1）水泵前格栅的栅条间隙应根据水泵要求确定。

（2）污水处理系统前格栅的栅条间隙应符合：1）人工清除 25～40mm；2）机械清除 16～25mm；3）最大间隙 40mm。

污水处理厂也可设置粗细两道格栅，粗格栅的栅条间隙 50～150mm。

（3）如水泵前格栅间隙不大于 25mm，污水处理系统前可不再设置格栅。

（4）栅渣量与地区的特点、格栅的间隙大小、污水流量以及下水道系统的类型等因素有关。在无当地运行资料时，可采用：1）格栅间隙 16～25mm，$0.05～0.1\text{m}^3/10^3\text{m}^3$（栅渣/污水）；2）格栅间隙 30～50mm，$0.01～0.03\text{m}^3/10^3\text{m}^3$（栅渣/污水）。

栅渣的含水率一般为 80%，容重约为 960kg/m^3。

（5）在大型污水处理厂或泵站前的大型格栅（每日栅渣量大于 0.2m^3），一般应采用机械清渣。

（6）机械格栅不宜少于两台，如为 1 台时应设人工清除格栅备用。

（7）过栅流速一般采用 0.6～1.0m/s。

（8）格栅前渠道内水流速度一般采用 0.4～0.9m/s。

（9）格栅倾角一般采用 45°～75°。

（10）通过格栅水头损失一般采用 0.08～0.15m。

3.1.2 格栅工艺尺寸的计算公式

格栅设计主要确定格栅形式、栅渠尺寸（B、H、L）等；水力计算（确定栅后跌水高度）；渣量计算等。格栅栅条的形式有圆形、半圆形、三角形等，不同的栅条结构其水力条件不同，相应的阻力系数也不同，因此，在考虑格栅栅条形式时主要从清渣方便的角度考虑。格栅计算公式见表 3-1。

表 3-1　格栅计算公式

名称	公　式	符号说明
栅槽宽度 B/m	$B = S(n-1) + bn$ $n = \dfrac{Q_{max} \sqrt{\sin\alpha}}{bhv}$①	S——栅条宽度，m； b——栅条间隙，m； n——栅条间隙数，个； Q_{max}——最大设计流量，m^3/s； α——格栅倾角，（°）； h——栅前水深，m； v——过栅流速，m/s

续表 3-1

名称	公　式	符号说明
通过格栅的水头损失 h_1/m	$h_1 = h_0 k$ $$h_0 = \xi \frac{v^2}{2g} \sin\alpha$$	h_0——计算水头损失，m； g——重力加速度，m^3/s； k——系数，格栅受污物堵塞时水头损失增大倍数，一般 $k_0 = 3$； ξ——阻力系数，其值与栅条断面形状有关，可按表 3-2 计算
栅后槽总高度 H/m	$H = h + h_1 + h_2$	h_2——栅前渠道超高，m，一般 $h_2 = 0.3m$
栅槽总长度 L/m	$$L = l_1 + l_2 + 1.0 + 0.5 + \frac{H_1}{\tan\alpha}$$ $$l_1 = \frac{B - B_1}{2\tan\alpha_1}$$ $$l_2 = \frac{l_1}{2}$$ $$H_1 = h + h_2$$	l_1——进水渠道渐宽部分的长度，m； B_1——进水渠宽，m； α_1——进水渠道渐宽部分的展开角度，(°)，一般 $\alpha = 20°$； l_2——栅槽与出水渠道连接处的渐窄部分长度，m； H_1——栅前渠道深，m
每日栅渣量 $W/m^3 \cdot d^{-1}$	$$W = \frac{86400 Q_{max} W_1}{1000 K_z}$$	W_1——栅渣量，$m^3/10^3 m^3$（污水），格栅间隙为 $16 \sim 25mm$ 时，$W_1 = 0.10 \sim 0.05$；格栅间隙为 $30 \sim 50mm$ 时，$W_1 = 0.03 \sim 0.01$； K_z——生活污水流量总变化系数

① $\sqrt{\sin\alpha}$ 为考虑格栅倾角的经验系数。

例 3-1　已知某城市污水处理厂的最大设计污水量 $Q_{max} = 0.2 m^3/s$，总变化系数 $K_z = 1.50$，求格栅各部分尺寸。

解：阻力系数 ξ 计算公式见表 3-2。

表 3-2　阻力系数 ξ 计算公式

栅条断面形状	公　式	说　明	
锐边矩形	$\xi = \beta \left(\frac{S}{b} \right)^{4/3}$	形状系数	$\beta = 2.42$
迎水面为半圆形的矩形			$\beta = 1.83$
圆形			$\beta = 1.79$
迎水、背水面均为半圆形的矩形			$\beta = 1.67$
正方形	$\xi = \beta \left(\frac{b+S}{\varepsilon b} - 1 \right)^2$	ε——收缩系数，一般为 0.64	

A　栅条的间隙数（n）

设栅前水深 $h = 0.4$m，过栅流速 $v = 0.9$m/s，栅条间隙宽度 $b = 0.021$m，格栅倾角 $\alpha = 60°$。

$$n = \frac{Q_{\max}\sqrt{\sin\alpha}}{bhv} = \frac{0.2\sqrt{\sin 60°}}{0.021 \times 0.4 \times 0.9} \approx 26 \text{ 个}$$

B　栅槽宽度（B）

设栅条宽度 $S = 0.01$m

$$B = S(n-1) + bn = 0.01(26-1) + 0.021 \times 26 \approx 0.8\text{m}$$

C　进水渠道渐宽部分的长度

设进水渠宽 $B_1 = 0.65$m，其渐宽部分展开角度 $\alpha_1 = 20°$（进水渠道内的流速为 0.77m/s）。

$$l_1 = \frac{B - B_1}{2\tan\alpha_1} = \frac{0.8 - 0.65}{2\tan 20°} \approx 0.22\text{m}$$

D　栅槽与出水渠道连接处的渐窄部分长度（l_2）

$$l_2 = \frac{l_1}{2} = \frac{0.22}{2} = 0.11\text{m}$$

E　通过格栅的水头损失（h_1）

设栅条断面为锐边矩形断面。

$$h_1 = \beta\left(\frac{S}{b}\right)^{4/3}\frac{v^2}{2g}\sin\alpha \cdot k = 2.42\left(\frac{0.01}{0.021}\right)^{4/3} \times \frac{0.9^2}{19.6}\sin 60° \times 3 = 0.097\text{m}$$

F　栅后槽总高度（H）

设栅前渠道超高 $h_2 = 0.3$m。

$$H = h_1 + h_2 = 0.4 + 0.097 + 0.3 \approx 0.8\text{m}$$

G　栅槽总长度（L）

$$L = l_1 + l_2 + 0.5 + 1.0 + \frac{H_1}{\tan\alpha} = 0.22 + 0.11 + 0.5 + 1.0 + \frac{0.4 + 0.3}{\tan 60°} = 2.24\text{m}$$

H　每日栅渣量（W）

在格栅间隙 21mm 的情况下，设栅渣量为每 1000m³ 污水产 0.07m³。

$$W = \frac{86400 Q_{\max} W_1}{1000 K_z} = \frac{86400 \times 0.2 \times 0.07}{1000 \times 1.50} = 0.8\text{m}^3/\text{d}$$

因 $W > 0.2$m³/d，所以宜采用机械清渣。

3.2 沉 砂 池

沉砂池的作用是从废水中分离密度较大的无机颗粒。一般设在污水处理厂前端，保护水泵和管道免受磨损，缩小污泥处理构筑物容积，提高污泥有机部分的含量及其作为肥料的价值。

按池内水流方向的不同，沉砂池的类型可以分为平流式沉砂池、竖流式沉砂池、曝气沉砂池、旋流（离心式）沉砂池。

由于曝气沉砂池和旋流沉砂池对流量变化的适应性较强，除砂效果好且稳定，条件许可时，建议尽量采用曝气沉砂池和旋流沉砂池。

3.2.1 沉砂池设计参数及其规定

（1）城市污水处理厂一般均应设置沉砂池。

（2）沉砂池应按去除相对密度 2.65、粒径 0.2mm 以上的沙粒设计。

（3）设计流量应按分期建设考虑：①当污水为自流进入时，应按每期的最大设计流量计算；②当污水为提升进入时，应按每期工作水泵的最大组合流量计算；③在合流制处理系统中，应按降雨时的设计流量计算。

（4）沉砂池个数或分格数不应少于两个，并宜按并联系列设计。当污水量较小时，可考虑留格备用。

（5）城市污水的沉砂量可按 $10^6 m^3$ 污水中沉砂 $30m^3$ 计算，含水率为 60%，容重为 $1500kg/m^3$。

（6）砂斗容积应按不大于 $2d$ 的沉砂量计算，斗壁与不平面的倾角不应小于 55°。

（7）除砂一般宜采用机械方法，并设置贮砂池或晒砂场。采用人工排砂时，排砂管直径不应小于 200mm。

（8）当采用重力排砂时，沉砂池和贮砂池应尽量靠近，以缩短排砂管长度，并设排砂闸门于管的首端，使排砂管畅通和易于养护管理。

（9）沉砂池的超高不宜小于 0.3m。

3.2.2 平流式沉砂池

平流式沉砂池是常用的型式，污水在池内沿水平方向流动。平流式沉砂池由入流渠、出流渠、闸板、水流部分及沉砂斗组成，如图 3-2 所示。它具有截留无机颗粒效果较好、工作稳定、构造简单和排沉砂方便等优点。

A 设计参数

（1）最大流速为 0.3m/s，最小流速为 0.15m/s。

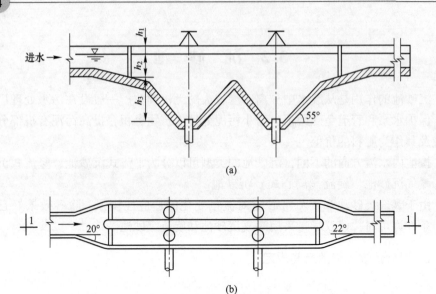

图 3-2 平流沉砂池

（a）1—1剖面；（b）平面图

（2）最大流量时停留时间不小于 30s，一般采用 30~60s。

（3）有效水深应不大于 1.2m，一般采用 0.25~1m；每格宽度不宜小于 0.6m。

（4）进水头部应采取消能和整流措施。

（5）池底坡度一般为 0.01~0.02。

B   计算公式

当无砂粒沉降资料时，可按表 3-3 计算。

表 3-3   计 算 公 式

名 称	公 式	符 号 说 明
长度 L/m	$L = vt$	v——最大设计流量时的流速，m/s； t——最大设计流量时的流行时间，s
水流断面面积 A/m^2	$A = \dfrac{Q_{max}}{v}$	Q_{max}——最大设计流量，m^3/s
池总宽度 B/m	$B = \dfrac{A}{h_2}$	h_2——设计有效水深，m
沉砂室所需容积 V/m^3	$V = \dfrac{Q_{max}XT86400}{K_z \times 10^6}$	X——城市污水沉砂量，$m^3/10^6 m^3$（污水），一般采用 $30m^3/10^6 m^3$； T——清除沉砂的间隔时间，d； K_z——生活污水流量总变化系数

续表 3-3

名　　称	公　　式	符号说明
池总高度 H/m	$H = h_1 + h_2 + h_3$	h_1——超高，m； h_3——沉砂室高度，m
验算最小流速 $V_{min}/m \cdot s^{-1}$	$V_{min} = \dfrac{Q_{min}}{n_1 \omega_{min}}$	Q_{min}——最小流量，m^3/s； n_1——最小流量时工作的沉砂池数目，个； ω_{min}——最小流量时沉砂池中的水流断面面积，m^2

当有砂粒沉降资料时，可按表3-4计算。

表 3-4　计 算 公 式

名称	公　　式	符号说明
水面面积 F/m^2	$F = \dfrac{Q_{max}}{u} \times 1000$ $u = \sqrt{u_0^2 - \omega^2}$ $\omega = 0.05v$	v——水平流速，m/s； Q_{max}——最大设计流量，m^3/s； n——沉砂池数目，个； ω——水流垂直分速度，mm/s； u——砂粒平均沉降速度，mm/s； u_0——水温15℃时砂粒在静水压力下的沉降速度，mm/s，可按表3-5选用
水流断面面积 A/m^2	$A = \dfrac{Q_{max}}{v} \times 1000$	
池总宽度 B/m	$B = \dfrac{A}{h_2}$	
设计有效水深 h_2/m	$h_2 = \dfrac{uL}{v}$	
池的长度 L/m	$L = \dfrac{F}{B}$	
单个沉砂池宽度 b/m	$b = \dfrac{B}{n}$	

例 3-2　已知某城市污水处理厂的最大设计流量为 $0.2m^3/s$，最小设计流量为 $0.1m^3/s$，总变化系数 $K_z = 1.50$，求沉砂池各部分尺寸。

解： u_0 值见表3-5。

表 3-5　u_0 值

砂粒径/mm	0.20	0.25	0.30	0.35	0.40	0.50
$u_0/mm \cdot s^{-1}$	18.7	24.2	29.7	35.1	40.7	51.6

（1）长度 (L) 设 $v = 0.25m/s$，$t = 30s$，则：

$$L = vt = 0.25 \times 30 = 7.5 \text{m}$$

（2）水流段面积（A）：

$$A = \frac{Q_{\max}}{v} = \frac{0.2}{0.25} = 0.8 \text{m}^2$$

（3）池总宽度（B）。设 $n = 2$ 倍，每格宽 $b = 0.6\text{m}$，则：

$$B = nb = 2 \times 0.6 = 1.2 \text{m}$$

（4）有效水深（h_2）：

$$h_2 = \frac{A}{B} = \frac{0.8}{1.2} = 0.67 \text{m}$$

（5）沉砂斗所需容积（V）设 $T = 2d$，则：

$$V = \frac{Q_{\max} X T \times 86400}{K_z \times 10^6} = \frac{0.20 \times 30 \times 2 \times 86400}{1.50 \times 10^6} = 0.69 \text{m}^3$$

（6）每个沉砂斗容积（V_0）设每一分格有两个沉砂斗，则：

$$V_0 = \frac{0.69}{2 \times 2} = 0.17 \text{m}^3$$

（7）沉砂斗各部分尺寸。设斗底宽 $a_1 = 0.5\text{m}$，斗壁与水平面的倾角为 $55°$，斗高 $h_3' = 0.35\text{m}$，沉砂斗上口宽：

$$a = \frac{2h_3'}{\tan 55°} + a_1 = \frac{2 \times 0.35}{\tan 55°} + 0.5 = 1.0 \text{m}$$

沉砂斗容积：

$$V_0 = \frac{h_3'}{6}(2a^2 + 2aa_1 + 2a_1^2) = \frac{0.35}{6}(2 \times 1^2 + 2 \times 1 \times 0.5 + 2 \times 0.5^2) = 0.2 \text{m}^3$$

（8）沉砂室高度（h_3）采用重力排砂，设池底坡度为 0.06，坡向砂斗，则：

$$h_3 = h_3' + 0.06 L_2 = 0.35 + 0.06 \times 2.65 = 0.51 \text{m}$$

（9）池底高度（H）设超高 $h_1 = 0.3\text{m}$，则：

$$H = h_1 + h_2 + h_3 = 0.3 + 0.67 + 0.51 = 1.48 \text{m}$$

（10）验算最小流速（$v_{\min}$）在最小流量时，只用 1 格工作（$n_1 = 1$）：

$$v_{\min} = \frac{Q_{\min}}{n_1 \omega_{\min}} = \frac{0.1}{1 \times 0.6 \times 0.67} = 0.25 \text{m/s} > 0.15 \text{m/s}$$

例 3-3 已知最大时污水量 $Q = 12700\text{m}^3/\text{d}$（$0.147\text{m}^3/\text{s}$），采用平流式重力沉砂池，试进行工艺计算并求出去除率。

解：

（1）设计条件。

最大时污水量：$Q = 0.147\text{m}^3/\text{s}$

除砂对象条件：砂颗粒为 0.2mm，密度为 $2.65\text{t}/\text{m}^3$，去除率 50%

砂沉降速度 0.021m/s［水面积负荷 75m³/(m²·h)］

砂临界流速

$$V_C = \sqrt{\frac{8\beta}{f} \cdot g(S-1)D} = 0.23 \text{m/s}$$

（2）沉砂池面积。

必要的水面积：

$$A_1 = \frac{设计污水量(\text{m}^3/\text{s})}{砂沉降速度(\text{m}/\text{s})} = \frac{0.147}{0.021} = 7.0 \text{m}^2$$

必要的断面积：

$$A_2 = \frac{设计污水量(\text{m}^3/\text{s})}{砂临界流速} = \frac{0.147}{0.23} = 0.64 \text{m}^2$$

取池数 $n = 2$，有效水深 $H = 0.36\text{m}$，则：

池宽：

$$W = \frac{必要断面积(\text{m}^2)}{池数 \times 有效水深(\text{m})} = \frac{0.64}{2 \times 0.36} = 0.89 \text{m}，取 0.9\text{m}$$

池长：

$$L = \frac{必要水面积}{池数 \times 池宽} = \frac{7.0}{2 \times 0.9} = 3.9 \text{m}，取 4.0\text{m}$$

所以，沉砂池（池数 $n = 2$）工艺尺寸（长×宽×深）为 4.0m×0.9m×0.36m

（3）校核。

水面积负荷：

$$q = \frac{设计污水量(\text{m}^3/\text{h})}{水面积(\text{m}^2)} = \frac{529.2}{0.9 \times 4 \times 2} = 73.5 < 75$$

水面积：池宽×池长×池数 = 0.9×4×2 = 7.2m² > 7.0m²

断面积：池宽×有效水深×池数 = 0.9×0.36×2 = 0.65m² > 0.64m²

池内流速（m/s）：

$$v = \frac{设计污水量(\text{m}^3/\text{s})}{断面积} = \frac{0.147}{0.9 \times 0.36 \times 2} = 0.23 \text{m/s}$$

砂的临界流速也可用 Camp 公式计算，即：

$$V = \frac{1}{n}R^{1/6}\sqrt{\psi\frac{\rho_s - \rho_f}{\rho_f}k} \tag{3-1}$$

式中　n ——粗糙系数；

　　　ρ_s ——颗粒相对密度；

　　　ρ_f ——水的相对密度；

　　　k ——颗粒平均粒径，m；

　　　ψ ——颗粒形状系数，约为 0.06；

　　　R ——水力半径。

本例中（宽为 0.9m，水深为 0.36m）讨论如下。

$$R^{1/6} = \left(\frac{0.9 \times 0.36}{0.36 \times 2 + 0.9}\right)^{1/6} = 0.765$$

$n = 0.013$，$R = 0.0002m$，代入式（3-2）得：

$$v = \frac{1}{0.013} \times 0.765 \times \sqrt{0.06 \times (2.65 - 1) \times 0.0002} = 0.26\text{m/s}$$

（与达西公式计算吻合）

（4）砂的去除率。

采用 Hozen 去除理论公式：

$$\text{去除率 } E = 1 - 1/(1 + T/t) \tag{3-2}$$

式中　T ——停留时间，s；

　　　t ——去除颗粒的沉降时间，$t = H/u$；

　　　H ——有效水深；

停留时间 T：

$$T = \frac{\text{池容积}(\text{m}^3)}{\text{设计污水量}(\text{m}^3/\text{s})}$$

$$= \frac{4 \times 0.9 \times 0.36 \times 2}{0.147} = 17.6\text{s}$$

沉降时间 t：

$$t = \frac{\text{有效水深}}{\text{砂速度}} = \frac{0.36}{0.021} = 17.1\text{s}$$

所以去除率 E：

$$E = \left(1 - \frac{1}{1 + \frac{17.6}{17.1}}\right) \times 100\% = 51\% > 50\%$$

3.2.3 曝气沉砂池

普通平流沉砂池的主要缺点是沉砂中含有 15% 的有机物，使沉砂的后续处理难度增加，采用曝气沉砂池可以克服这一缺点。图 3-3 所示为曝气沉砂池断面图。池断面呈矩形，池底一侧设有集砂槽；曝气装置设在集砂槽一侧，使池内水流产生与主流垂直的横向旋流；在旋流产生的离心力作用下，密度较大的无机颗粒被甩向外部沉入集砂槽。另外，由于水的旋流运动，增加了无机颗粒之间的相互碰撞与摩擦的机会，把表面附着的有机物除去，使沉砂中的有机物含量低于 10%。曝气沉砂池的优点是通过调节曝气量，可以控制污水的旋流速度，使除砂效率较稳定，受流量变化的影响较小；同时，还对污水起预曝气作用。

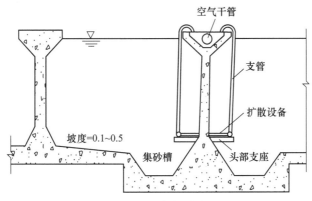

图 3-3 曝气沉砂池

A 设计参数

（1）旋流速度应保持 0.25~0.3m/s。

（2）水平流速为 0.06~0.12m/s。

（3）最大流量时停留时间为 1~3min。

（4）有效水深为 2~3m，宽深比一般采用 1~2。

（5）长宽比可达 5，当池长比池宽大得多时，应考虑设置横向挡板。

（6）空气扩散装置设在池的一侧，距池底约 0.6~0.9m，送气管应设置调节气量的闸门。

（7）池子的形状应尽可能不产生偏流或死角，在集砂槽附近可安装纵向挡板。

（8）池子的进口和出口布置应防止发生短路，进水方向应与池中旋流方向一致，出水方向应与进水方向垂直，并宜考虑设置挡板。

（9）池内应考虑设消泡装置。

曝气沉砂池国内外设计数据见表 3-6。

表 3-6　曝气沉砂池国内外设计数据

资料来源（设计数据）	旋流速度 /m·s⁻¹	水平流速 /m·s⁻¹	最大流量时停留时间 /min	有效水深 /m	宽深比	曝气量	进水方向	出水方向
上海某污水厂	0.25~0.3		2	2.1	1	$0.07m^3/m^3$	与池中旋流方向一致	与进水方向垂直、淹没式出水口
北京某污水厂	0.3	0.056	2~6	1.5	1	$0.115m^3/m^3$	与池中旋流方向一致	与进水方向垂直、淹没式出水口
北京某中试厂	0.25	0.075	3~15（考虑预曝气）	2	1	$0.1m^3/m^3$	与池中旋流方向一致	与进水方向垂直、淹没式出水口
天津某污水厂	0		6	3.6	1	$0.2m^3/m^3$	淹没孔	溢流堰
美国污水厂手册	0	0	1~3	0	0	16.7~44.6 $m^3/(m \cdot h)$	使污水在空气作用下直接形成旋流	应与进水成直角并在靠近出口处应考虑装设挡板
苏联规范	0	0.08~0.12	0	0	1~1.5	3~5 $m^3/(m \cdot h)$	与水在沉砂池中的旋流方向一致	淹没式出水口
日本规范	0	1~2	2~3	0	$1 \sim 2m^3/m^3$			
我国规范	0	0.1	1~3	2~3	1~1.5	$0.1 \sim 0.2m^3/m^3$	应与池中旋流方向一致	应与进水方向垂直、并宜设置挡板

B 计算公式

计算公式见表3-7。

表 3-7 计算公式

名 称	公 式	符 号 说 明
池子总有效容积 V/m^3	$V = Q_{max}t \times 60$	Q_{max}——最大设计流量，m^3/s； t——最大设计流量时的流行时间，min
水流断面积 A/m^2	$A = \dfrac{Q_{max}}{v_1}$	v_1——最大设计流量时的水平流速，m/s， 一般采用 0.06~0.12m/s
池总宽度 B/m	$B = \dfrac{A}{h_2}$	h_2——设计有效水深，m
池长 L/m	$L = \dfrac{V}{A}$	
每小时所需空气量 $q/m^3 \cdot h^{-1}$	$q = dQ_{max} \times 3600$	d——1m^3 污水所需空气量，m^3/m^3，一般采用 0.2m^3/m^3

例 3.4 已知某城市污水处理厂的最大设计流量为 0.9m^3/s，求曝气沉砂池的各部分尺寸。

解：（1）池子总有效容积（V）。

设 $t = 2$min，则：

$$V = Q_{max}t \times 60 = 0.9 \times 2 \times 60 = 108m^3$$

（2）水流断面积（A）。

设 $v_1 = 0.1$m/s，则：

$$A = \frac{Q_{max}}{v_1} = \frac{0.9}{0.1} = 9m^2$$

（3）池总宽度（B）。

设 $h_2 = 2$m，则：

$$b = \frac{B}{n} = \frac{4}{2} = 2m$$

（4）池长（L）：

$$L = \frac{V}{A} = \frac{108}{9} = 12m$$

（5）每小时所需空气量（q）。

设 $d = 0.2m^3/m^3$，则：

$$q = dQ_{max} \times 3600 = 0.2 \times 0.9 \times 3600 = 648m^3/h$$

沉砂室计算同平流式沉砂池。

3.2.4 旋流沉砂池

A 构造特点

旋流沉砂池利用水力涡流，使泥砂和有机物分开，以达到除砂目的。污水从切线方向进入圆形沉砂池，进水渠道末端设一跌水堰，使可能沉积在渠道底部的砂子向下滑入沉砂池；还设有一个挡板，使水流及砂子进入沉砂池时向池底流行，并加强附壁效应。在沉砂池中间设有可调速的桨板，使池内的水流保持环流。桨板、挡板和进水水流组合在一起，在沉砂池内产生螺旋状环流（见图3-4），在重力的作用下，使砂子沉下，并向池中心移动，由于越靠中心水流断面越小，水流速度逐渐加快，最后将沉砂落入砂斗；而较轻的有机物，则在沉砂池中间部分与砂子分离。池内的环流在池壁处向下，到池中间则向上，加上桨板的作用，有机物在池中心部位向上升起，并随着出水水流进入后续构筑物。

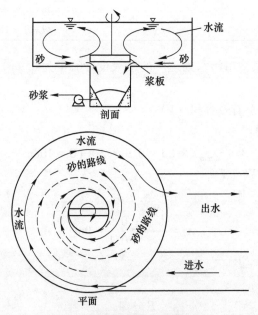

图 3-4 旋流沉砂池水砂流线图

B 设计参数

(1) 最大流速为 0.1m/s，最小流速为 0.02m/s；

(2) 最大流量时，停留时间不小于 20s，一般采用 30~60s；

(3) 进水管最大流速为 0.3m/s。

C 计算公式

涡流沉砂池计算公式见表3-8。

表 3-8 涡流沉砂池计算公式

名　称	公　式	符　号　说　明
进水管直径	$d = \sqrt{\dfrac{4Q_{\max}}{\pi v_1}}$	d——进水管直径，m； v——污水在中心管内流速，m/s； $Q_{\max}$——最大设计流量，m³/s
沉砂池直径	$D = \sqrt{\dfrac{4Q_{\max}(v_1 + v_2)}{\pi v_1 v_2}}$	D——池子的直径，m； v_2——池内水流上升速度，m/s
水流部分高度	$h_2 = v_2 t$	h_2——水流部分高度，m； t——最大流量时的流行时间，s
沉砂部分所需容积	$V = \dfrac{Q_{\max} X T 86400}{K_z 10^6}$	V——沉砂部分所需容积，m³； X——城市污水沉砂量； T——两次清除沉砂相隔的时间，d； K_z——生活污水流量总变化系数
圆截锥部分实际容积	$V_1 = \dfrac{\pi h_4}{3}(R^2 + R_r + r^2)$	V_1——圈锥部分容积，m³； h_4——沉砂池锥底部分高度，m
池总高度	$H = h_1 + h_2 + h_3 + h_4$	H——池总高度，m； h_1——超高，m； h_3——中心管底至沉砂面的距离，m， 　　一般采用 0.25m

3.3　沉　淀　池

　　密度大于水的悬浮物在重力作用下从水中分离出去的现象称为沉淀。根据水中杂质颗粒本身的性质及其所处外界条件的不同，沉淀可分为如下几种：

　　（1）按水流状态，分为静水沉淀与动水沉淀；

　　（2）按是否投加混凝药剂，分为自然沉淀与混凝沉淀；

　　（3）按颗粒受力状态及所处水力学等边界条件，分为自由沉淀与拥挤沉淀；

　　（4）按颗粒本身的物理、化学性状分为团聚稳定颗粒沉淀与团聚不稳定颗粒沉淀。

　　用于沉淀的处理构筑物称为沉淀池。沉淀池主要去除悬浮于污水中的可以沉淀的固体悬浮物。按在污水处理流程中的位置，沉淀池主要分为初次沉淀池、二次沉淀池和污泥浓缩池，它们的适用条件及设计要点见表 3-9。

表3-9　沉淀池适用条件及设计要点

池型	适用条件	设 计 要 点
初次沉淀池	对污水中的以无机物为主体的相对密度大的固体悬浮物进行沉淀分离	(1) 考虑沉淀污泥发生腐败，设置刮泥、排泥设备，迅速排除沉泥； (2) 考虑可浮悬浮物及污泥上浮，设置浮渣去除设备； (3) 表面负荷以 $25\sim50m^3/(m^2\cdot d)$ 为标准，沉淀时间以 $1.0\sim2.0h$ 为标准； (4) 进水端考虑整流措施，采用阻流板、有孔整流壁、圆筒形整流板； (5) 采用溢流堰，堰上负荷不大于 $250m^3/(m^2\cdot d)$； (6) 长方形池，最大水平流速为 $7mm/s$； (7) 污泥区容积，静水压排泥不大于 2d 污泥量，机械排泥时考虑 4h 排泥量； (8) 排泥静水压大于等于 $1.50m$
二次沉淀池	对污水中的以微生物为主体的相对密度小的，且因水流作用易发生上浮的固体悬浮物进行沉淀分离	(1) 考虑沉淀污泥发生腐败，设置刮泥、排泥设备，迅速排除沉泥； (2) 考虑污泥上浮，设置浮渣去除设备； (3) 表面负荷为 $20\sim30m^3/(m^2\cdot d)$，沉淀时间为 $1.5\sim3.0h$； (4) 进水端考虑整流措施，采用阻流板、有孔整流壁、圆筒形整流板； (5) 采用溢流堰，堰上负荷不大于 $150m^3/(m^2\cdot d)$； (6) 长方形池，最大水平流速为 $5mm/s$； (7) 注意溢流设备的布置，防止污泥上浮出流而使处理水恶化； (8) 考虑 SVI 值增高引起的问题； (9) 排泥静水压，生物膜法后大于等于 $1.20m$，曝气池后大于等于 $0.9m$
污泥浓缩池	对污水中以剩余污泥为主体的，污泥浓度高且间隙中的水分不易排出，易腐败析出气体的剩余污泥进行浓缩沉淀	(1) 考虑沉淀污泥发生腐败，设置排泥设备，迅速排除沉泥； (2) 考虑污泥易析出气体上浮，设置曝气搅动栅； (3) 表面负荷为 $3\sim8m^3/(m^2\cdot d)$，沉淀时间为 $10\sim12h$； (4) 进水端考虑整流措施，采用阻流板、有孔整流壁、圆筒形整流板； (5) 采用溢流堰，堰上负荷不大于 $100m^3/(m^2\cdot d)$； (6) 矩形池，最大上升流速为 $0.2mm/s$； (7) 注意溢流设备的布置，防止污泥上浮出流而使处理水恶化； (8) 排泥静水压 $\geqslant2.0m$

按水流方向分沉淀池，有平流式、竖流式、辐流式、斜流式 4 种形式。每种沉淀池均包含 5 个区，即进水区、沉淀区、缓冲区、污泥区和出水区。沉淀池各种池型的优缺点和适用条件见表 3-10。

表 3-10　各种沉淀池比较

池型	优　点	缺　点	适用条件
平流式	（1）沉淀效果好； （2）对冲击负荷和温度变化的适应能力较强； （3）施工简易，造价较低	（1）池子配水不易均匀； （2）采用多斗排泥时，每个泥斗需单，独设排泥管各自排泥，操作量大，采用链带式刮泥机排泥时，链带的支件件和驱动件都没于水中，易锈蚀； （3）占地面积较大	（1）适用于地下水位高及地质较差地区； （2）适用于大、中、小型污水处理厂
竖流式	（1）排泥方便，管理简单； （2）占地面积较小	（1）池子深度大，施工困难； （2）对冲击负荷和温度变化的适应能力较差； （3）造价较高； （4）池径不宜过大，否则布水不匀	（1）适用于处理水量不大的小型污水处理厂； （2）常用于地下水位较低时
辐流式	（1）多为机械排泥，运行较好，管理较简单； （2）排泥设备已趋定型	机械排泥设备复杂，对施工质量要求高	（1）适用于地下水位较高地区； （2）适用于大、中型污水处理厂
斜流式	（1）沉淀效率高； （2）池容积小占地面积小	（1）斜管（板）耗用材料多，且价格较高； （2）排泥较困难； （3）易滋长藻类	（1）适用于旧沉淀池的改建、扩建和挖潜； （2）用地紧张，需要压缩沉淀池面积时； （3）适用于初沉池，不宜用于二沉池

3.3.1　一般规定

（1）设计流量应按分期建设考虑：1）当污水为自流进入时，应按每期的最大设计流量计算；2）当污水为提升进入时，应按每期工作水泵的最大组合流量计算；3）在合流制处理系统中，应按降雨时的设计流量计算，沉淀时间不宜小于 30min。

（2）沉淀池的个数或分格数不应小于两个，并宜按并联系列考虑。

（3）当无实测资料时，城市污水沉淀池的设计数据可参照表 3-11 选用。

表 3-11　设计数据

池型	沉淀池位置	参　数			
		沉淀时间 /h	表面负荷 /m³·(m²·h)⁻¹	人均污泥量(干物质) /g·d⁻¹	污泥含水率 /%
初沉池 二沉池	单独沉淀池	1.5~2.0	1.5~2.5	15~17	95~97
	二级处理前	1.0~2.0	1.5~3.0	14~25	95~97
	活性污泥法后	1.5~2.5	1.0~1.5	10~21	99.2~99.6
	生物膜法后	1.5~2.5	1.0~2.0	7~19	96~98

注：工业污水沉淀池的设计数据应按实际水质试验确定，或参照类似工业污水的运转或试验资料采用。

（4）池子的超高至少采用 0.3m。

（5）沉淀池的有效水深（H）、沉淀时间（t）与表面负荷（q'）的关系见表 3-12。当表面负荷一定时，有效水深与沉淀时间之比也为定值，即 $H/t = q'$。一般沉淀时间不小于 1.0h；有效水深多采用 2~4m，对辐流沉淀池指池边水深。

（6）沉淀池的缓冲层高度，一般采用 0.3~0.5m。

（7）污泥斗的斜壁与水平面的倾角，方斗不宜小于 60°，圆斗不宜小于 55°。

（8）排泥管直径不应小于 200mm。

表 3-12　有效水深、沉淀时间与表面负荷关系

表面负荷 q' /m³·(m²·h)⁻¹	沉淀时间 t/h				
	H=2.0m	H=2.5m	H=3.0m	H=3.5m	H=4.0m
3.0			1.0	1.17	1.33
2.5		1.0	1.2	1.4	1.6
2.0	1.0	1.25	1.50	1.75	2.0
1.5	1.33	1.67	2.0	2.33	2.67
1.0	2.0	2.5	3.0	3.5	4.0

（9）沉淀池的污泥，采用机械排泥时可连续排泥或间歇排泥。不用机械排泥时应每日排泥，初次沉淀池的静水头不应小于 1.5m；二次沉淀池的静水头，生物膜法后不应小于 1.2m，曝气池后不应小于 0.9m。

（10）采用多斗排泥时，每个泥斗均应设单独的闸阀和排泥管。

（11）当每组沉淀池有两个池以上时，为使每个池的入流量均等，应在入流口设置调节阀门，以调整流量。

（12）当采用重力排泥时，污泥斗的排泥管一般采用铸铁管，其下端伸入斗内，顶端散口，伸出水面，以便于疏通。在水面以下 1.5~2.0m 处，由排泥管接出水平排出管，污泥借静水压力由此排出池外。

（13）进水管有压力时，应设置配水井，进水管应由池壁接入，不宜由井底接入，且应将进水管的进口弯头朝向井底。

（14）初次沉淀池的污泥区容积，宜按不大于 2d 的污泥量计算。曝气池后的二次沉淀池污泥区容积，宜按不大于 2h 的污泥量计算，并应有连续排泥措施。机械排泥的初次沉淀池和生物膜法处理后的二次沉淀池污泥区容积，宜按 4h 的污泥量计算。

3.3.2　平流式沉淀池

中心尺寸构造如图 3-5 所示。

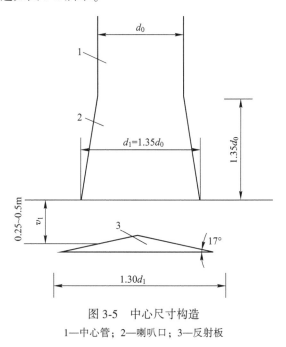

图 3-5　中心尺寸构造
1—中心管；2—喇叭口；3—反射板

3.3.2.1　设计参数与数据

（1）每格长度与宽度之比不小于 4，长度与深度之比采用 8~12。

（2）采用机械排泥时，宽度根据排泥设备确定。

（3）刮泥机的行进速度为 0.3~1.2m/min，一般采用 0.6~0.9m/min。

（4）一般按表面负荷计算，按水平流速校核。最大水平流速：初沉池为 7mm/s；二沉池为 5mm/s。

（5）进出口处应设置挡板，高出池内水面 0.1~0.15m。挡板淹没深度：进口处视沉淀池深度而定，不小于 0.25m，一般为 0.5~1.0m；出口处一般为 0.3~0.4m，挡板位置：距进水口为 0.5~1.0m；距出水口为 0.25~0.5m。

（6）泄空时间不超过 6h，放空管直径 $d(\mathrm{m})$ 可按式（3-3）计算。

$$d = \sqrt{\frac{0.7BLH^{1/2}}{t}}\,(\mathrm{m}) \tag{3-3}$$

式中　B——池宽，m；

　　　L——池长，m；

　　　H——池内平均水深，m；

　　　t——泄空时间，s。

（7）池子进水端用穿孔花墙配水时，花墙距进水端池壁的距离应不小于 1～2m，开孔总面积为过水断面积的 6%～20%。

3.3.2.2　计算公式

平流式沉淀池计算过程及公式见表 3-13。

表 3-13　计 算 公 式

名　称	公　式	符号说明
池子总面积/m²	$A = \dfrac{Q_{\max}3600}{q'}$	$Q_{\max}$——大设计流量，$\mathrm{m^3/s}$； q'——表面负荷，$\mathrm{m^3/(m^2 \cdot h)}$
沉淀部分有效水深/m	$h_2 = q't$	t——沉淀时间，h
沉淀部分有效容积/m³	$V' = Q_{\max}t3600$ 或 $V' = Ah_2$	
池长/m	$L = vt3.6$	v——最大设计流量时的水平流速，mm/s
池子总宽度/m	$B = A/L$	
池子个数 （活分格数）/个	$n = \dfrac{B}{b}$	b——每个池子（或分格）宽度，m
污泥部分所需容积/m³	$V = \dfrac{SNT}{1000}$ $V = \dfrac{Q_{\max}(C_1 - C_2)86400T100}{K_z\gamma(100 - p_o)}$	S——每人每日污泥量；$\mathrm{L/(人 \cdot d)}$，一般采用 $0.3\sim0.8\mathrm{L/(人 \cdot d)}$； N——设计人口数，人； T——两次清除污泥间隔时间，d； C_1——进水悬浮物浓度，$\mathrm{t/m^3}$； C_2——出水悬浮物浓度，$\mathrm{t/m^3}$； K_z——生活污水量总变化系数； γ——污泥容量，$\mathrm{t/m^3}$，取 $1.0\mathrm{t/m^3}$； p_o——污泥含水率，%

续表 3-13

名　称	公　式	符号说明
池子总高度/m	$H = h_1 + h_2 + h_3 + h_4$	h_1——超高，m； h_2——沉淀区高度，m； h_3——缓冲层高度，m； h_4——污泥部分高度，m
污泥斗容积/m^3	$V_1 = \frac{1}{3}h''_4(f_1 + f_2 + \sqrt{f_1 f_2})$	f_1——斗上口面积，m^2； f_2——斗下口面积，m^2； h''_4——泥斗高度，m
污泥斗以上梯形部分 污泥容积/m^3	$V_2 = \left(\frac{l_1 + l_2}{2}\right)h'_4 \cdot b$	l_1——梯形上底长，m； l_2——形下底长，m； h'_4——梯形的高度，m

例 3-5　某城市污水处理最大设计流量为 $43200m^3/d$，设计人口为 250000 人，沉淀时间为 1.5h，采用链带式刮泥机，求沉淀池各部分尺寸。

解　（1）设表面负荷 $q' = 2.0m^3/(m^2 \cdot h)$，设计流量 $0.5m^3$。池子总表面积

$$A = \frac{Q_{max} \times 3600}{2} = 900m^2$$

（2）沉淀部分有效水深

$$h_2 = q' \times 1.5 = 3.0m$$

（3）沉淀部分有效容积

$$V' = Q_{max} \times t \times 3600 = 2700m^3$$

（4）池长（设水平流速 $v = 3.70mm/s$）

$$L = vt \times 3.6 = 3.7 \times 1.5 \times 3.6 = 20m$$

（5）池子总宽度

$$B = A/L = 900/20 = 45m$$

（6）池子个数（设每个池子宽 4.5m）

$$n = B/b = 45/4.5 = 10 \text{ 个}$$

（7）校核长宽比

$$L/b = 20/4.5 = 4.4 > 4.0(符合要求)$$

（8）污泥部分需要的总容积。设 $T = 2.0d$ 污泥量为 25g/（人·d），污泥含水率为 95%，则：

$$S = \frac{25 \times 100}{(100 - 95) \times 1000} = 0.50L/(人 \cdot d)$$

$$V = SNT/1000 = 0.5 \times 250000 \times 2.0/1000 = 250m^3$$

（9）每格池污泥所需容积

$$V'' = \frac{V}{n} = 250/10 = 25\text{m}^3$$

（10）污泥斗容积

$$V_1 = \frac{1}{3} \cdot h''_4(f_1 + f_2 + \sqrt{f_1 f_2})$$

$$h''_4 = \frac{4.5 - 0.5}{2}\tan 60° = 3.46\text{m}$$

其中：

则： $$V_1 = \frac{1}{3} \times 3.46 \times (4.5 \times 4.5 + 0.5 \times 0.5 + \sqrt{4.5^2 \times 0.5^2}) = 26\text{m}^3$$

（11）污泥斗以上梯形部分污泥容积

$$V_2 = \frac{L_1 + L_2}{2}h'_4 \cdot b$$

其中： $$h'_4 = (20 + 0.3 - 4.5) \times 0.01 = 0.158\text{m}$$

$$l_1 = 20 + 0.3 + 0.5 = 20.8\text{m}$$

$$l_2 = 4.50\text{m}$$

则： $$V_2 = \frac{20.80 + 4.50}{2} \times 0.158 \times 4.5 = 9.0\text{m}^3$$

（12）污泥斗和梯形部分污泥容积

$$V_1 + V_2 = 26 + 9 = 35.00\text{m}^3 > 25\text{m}^3$$

（13）池子总高度（设缓冲层高度 $h_3 = 0.50\text{m}$）

$$H = h_1 + h_2 + h_3 + h_4$$

$$h_4 = h'_4 + h''_4 = 0.158 + 3.46 = 3.62\text{m}$$

$$H = 0.3 + 3.0 + 0.5 + 3.62 = 7.42\text{m}$$

例 3-6 已知最大日污水量为 $2 \times 10^4 \text{m}^3/\text{d}$，试设计平流式初沉池。

解：（1）采用设计参数值为：表面负荷为 $40\text{m}^3/(\text{m}^2 \cdot \text{d})$，长宽比为 4，沉淀时间为 1.5h，穿孔花墙开孔率为 6%，超高为 0.5m，堰口负荷为 $200\text{m}^3/(\text{m} \cdot \text{d})$，池数为 2。

（2）单池容积

$$V_1 = Q_1 t = \frac{2 \times 10^4}{2} \times \frac{1.5}{24} = 625\text{m}^3$$

（3）单池表面积

$$A_1 = \frac{Q}{q} = \frac{2 \times 10^4}{2} \times \frac{1}{40} = 250\text{m}^2$$

（4）有效水深

$$h_2 = \frac{V_1}{A_1} = 625/250 = 2.5\text{m}$$

（5）池宽

$$4B^2 = 250,\ 得\ B = 7.9,\ 取\ B = 8.0\text{m}$$

（6）池长

$$L = 4B = 32\text{m}$$

（7）单池所需出水堰长

$$l = \frac{2 \times 10^4}{2} \times \frac{1}{200} = 50\text{m}$$

仅池宽 8m 不够，增加 4 根宽 30cm 两侧收水的集水支渠，则每根支渠长度为

$$l_1 = (50 - 8 - 0.3 \times 4)/8 = 5.1\text{m}$$

（8）穿孔花墙孔的总面积为 $8 \times 2.5 \times 0.06 = 1.2\text{m}^2$

采用直径为 100mm 的孔，则所需孔数为 $1.2/(\frac{1}{4}\pi \times 0.1^2) = 152.8$ 个；取 150 个孔，横向 15 个，纵向深 10 个。

3.3.3　竖流式沉淀池

3.3.3.1　设计数据

（1）池子直径（或正方形的一边）与有效水深之比值不大于 3.0。池子直径不宜大于 8.0m，一般采用 4.0~7.0m。最大可达 10m。

（2）中心管内流速不大于 30mm/s。

（3）中心管下口应设有喇叭口和反射板（见图 3-5）。

1）反射板板底距泥面至少 0.3m；2）喇叭口直径及高度为中心管直径的 1.35 倍；3）反射板的直径为喇叭口直径的 1.30 倍，反射板表面积与水平面的倾角为 179°；4）中心管下端至反射板表面之间的缝隙高在 0.25~0.50m 范围内时，缝隙中污水流速在初次沉淀池中不大于 30mm/s，在二次沉淀池中不大于 20mm/s。

（4）当池子直径（或正方形的一边）小于 7.0m 时，澄清污水沿周边流出；当直径 $D > 7.0$m 时应增设辐射式集水支渠。

（5）排泥管下端距池底不大于 0.20m，管上端超出水面不小于 0.40m。

（6）浮渣挡板距集水槽 0.25~0.5m，高出水面 0.1~0.15m；淹没深度 0.3~0.40m。

3.3.3.2　计算公式

计算公式见表 3-14。

表 3-14 计 算 公 式

名称	公 式	符号说明
中心管面积/m²	$f = \dfrac{q_{max}}{v_0}$	q_{max}——每池最大设计流量，m³/s；
中心管直径/m	$d_0 = \sqrt{\dfrac{4f}{\pi}}$	v_0——中心管内流速，m/s； v_1——水由中心管喇叭口与反射板之间的缝隙流出速度，m/s；
中心管喇叭口与 反射板之间的 缝隙高度/m	$h_3 = \dfrac{q_{max}}{v_1 \pi d_1}$	d_1——喇叭口直径，m； v——污水在沉淀池中流速，m/s； t——沉淀时间，h；
沉淀部分 有效断面积/m²	$F = \dfrac{q_{max}}{v}$	S——每人每日污泥量，L/(人·d)，一般采用 0.3~0.8L/(人·d)；
沉淀池直径/m	$D = \sqrt{\dfrac{4(F+f)}{\pi}}$	N——设计人口数； T——两次清除污泥相隔时间，d； C_1——进水悬浮物浓度，t/m³；
沉淀部分 有效水深/m	$h_2 = vt3600$	C_2——出水悬浮物浓度，t/m³； K_z——生活污水流量总变化系数；
沉淀部分 所需总容积/m³	$V = \dfrac{SNT}{1000}$ $V = \dfrac{q_{max}(C_1 - C_2)T86400 \times 100}{K_z \gamma (100 - p_o)}$	γ——污泥容量，t/m³，约为 1t/m³； p_o——污泥含水率，%； h_1——超高，m； h_4——冲层高，m；
圆截锥部分 容积/m³	$V_1 = \dfrac{\pi h_5}{3}(R^2 + Rr + r^2)$	h_5——泥室圆截锥部分的高度，m； R——圆截锥上部半径，m；
沉淀池 总高度/m	$H = h_1 + h_2 + h_3 + h_4 + h_5$	r——圆截锥下部半径，m

例 3-7 竖流式沉淀池的计算。已知条件：某城市设计人口 $N = 60000$ 人，设计最大污水量 $Q_{max} = 0.13\text{m}^3/\text{s}$。

解：

（1）设中心管内流速 $v_0 = 0.03\text{m/s}$，采用池数 $n = 4$，则每池最大设计流量：

$$q_{max} = \frac{Q_{max}}{n} = \frac{0.13}{4} = 0.0325\text{m}^3/\text{s}$$

$$f = \frac{q_{max}}{v_0} = \frac{0.0325}{0.03} = 1.08\text{m}^2$$

（2）沉淀部分有效端面积（A）设表面负荷 $q' = 2.52\text{m}^3/(\text{m}^2 \cdot \text{h})$，则上升流速：

$$v = v_0 = 2.52\text{m/h} = 0.0007\text{m/s}$$

$$A = \frac{q_{max}}{v} = \frac{0.0325}{0.0007} = 46.43 m^2$$

（3）沉淀池直径（D）。

$$D = \sqrt{\frac{4(A + f)}{\pi}} = \sqrt{\frac{4(46.43 + 1.08)}{\pi}} = 7.8 m < 8 m$$

（4）沉淀池有效水深（h_2）。

设沉淀时间 $t = 1.5 h$，则：

$$h_2 = vt \times 3600 = 0.0007 \times 1.5 \times 3600 = 3.78 m$$

（5）校核池径水深比。

$$D/h_2 = 7.8/3.78 = 2.06 < 3 (符合要求)$$

（6）校核集水槽每米出水堰的过水负荷（q_0）。

$$q_0 = \frac{q_{max}}{\pi D} = \frac{0.0325}{\pi \times 7.8} \times 1000 = 1.33 L/s < 2.9 L/s$$

可见符合要求，可不另设辐射式水槽。

（7）污泥体积（V）。

设污泥清除间隔时间 $T = 2 d$，每人每日产生的湿污泥量 $S = 0.5 L$，则：

$$V = \frac{SNT}{1000} = \frac{0.5 \times 60000 \times 2}{1000} = 60 m^3$$

（8）每池污泥体积（V_1'）

$$V_1' = V/n - 60/4 = 15 m^3$$

（9）池子圆截锥部分实有容积（V_1）。

设圆锥底部直径 d' 为 0.4 m，截锥高度为 h_5，截锥侧壁倾角 $a = 55°$，则：

$$h_5 = (D/2 - d'/2) \tan\alpha = \left(\frac{7.8}{2} - \frac{0.4}{2}\right) \tan55° = 5.28 m$$

$$V_1 = \frac{\pi h_5}{3}(R^2 + r^2 + Rr) = \frac{\pi \times 5.28}{3} \times (3.9^2 + 0.2^2 + 3.9 \times 0.2) = 88.63 m^3$$

可见池内足够容纳 $2d$ 污泥量。

（10）中心管直径（d_0）。

$$d_0 = \sqrt{\frac{4f}{\pi}} = \sqrt{\frac{4 \times 1.08}{\pi}} = 1.17 m$$

（11）中心管喇叭口下缘至反射板的垂直距离（h_3）。

设流过该缝隙的污水流速 $v_1 = 0.02 m/s$，喇叭口直径为：

$$d_1 = 1.35 d_0 = 1.35 \times 1.17 = 1.58 m$$

则 $$h_3 = \frac{q_{max}}{v_1 \pi d_1} = \frac{0.0325}{0.02 \times \pi \times 1.58} = 0.33 m$$

（12）沉淀池总高度（H）。

设池子保护高度 $h_1 = 0.3m$，缓冲层高 $h_4 = 0$（因泥面很低），则：

$$H = h_1 + h_2 + h_3 + h_4 + h_5 = 0.3 + 3.78 + 0.33 + 0 + 5.28 \approx 10m$$

3.3.4　辐流式沉淀池

3.3.4.1　设计数据

（1）池子直径（或正方形边长）与有效水深的比值，一般为 6～12。

（2）池径 ≥16m。

（3）池底坡度一般采用 0.05～0.10。

（4）一般均采用机械刮泥，也可附有空气提升或静水头排泥设施。

（5）当池径（或正方形的一边）<20m 时，也可以采用多斗排泥，如图 3-6 所示。

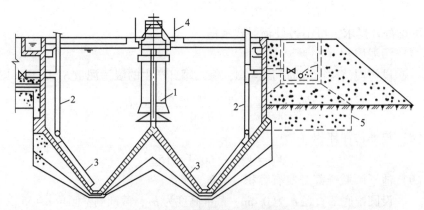

图 3-6　多斗排泥的辐流式沉淀池
1—中心管；2—污泥管；3—污泥斗；4—栏杆；5—砂垫

（6）进、出水的布置方式可分为：中心进水周边出水，周边进水中心出水，周边进水周边出水分别如图 3-7～图 3-9 所示。

（7）池径小于 20m，一般采用中心转动的刮泥机，其驱动装置设在池子中心走道板上，如图 3-10 所示；池径大于 20m 时，采用周边传动的刮泥机，其驱动装置设在桁架的外缘，如图 3-11 所示。

（8）刮泥机的旋转速度一般为 1～3r/h，外周刮泥板的线速不超过 3m/min，一般采用 1.5m/min。

（9）在进水口的周围应设置整流板，整流板的开口面积为过水断面积的 6%～20%。

（10）浮渣用浮渣刮板收集，刮渣板装在刮泥机桁架的一侧，在出水堰前应设置浮渣挡板，如图 3-12 所示。

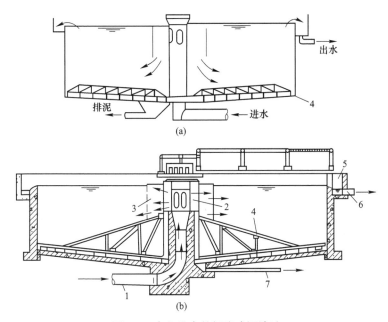

图 3-7 中心进水的辐流式沉淀池
(a) 工作示意图；(b) 沉淀池
1—进水管；2—中心管；3—穿孔挡板；4—刮泥机；5—出水；6—出水管；7—排泥管

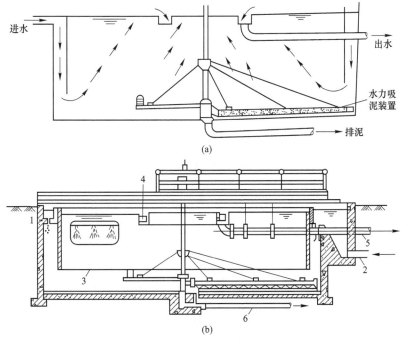

图 3-8 周边进水中心出水的辐流式沉淀池
(a) 工作示意图；(b) 沉淀池
1—进水槽；2—进水；3—挡板；4—出水槽；5—出水管；6—排泥管

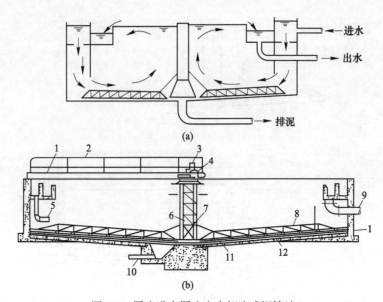

图 3-9 周边进水周边出水辐流式沉淀池

（a）工作示意图；（b）沉淀池

1—过桥；2—栏杆；3—传动装置；4—转盘；5—进水下降管；6—中心支架；
7—传动器；8—桁架式耙架；9—出水管；10—排泥管；11—刮泥板；12—可调节的橡皮刮板

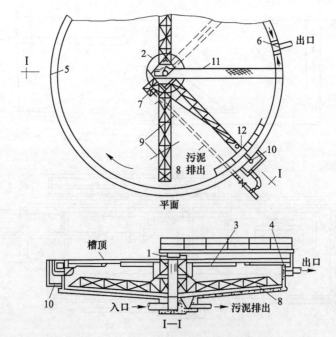

图 3-10 中央驱动式辐流式沉淀池

1—驱动装置；2—整流筒；3—撇渣挡板；4—堰板；5—周边出水槽；6—出水井；
7—污泥斗；8—刮泥板桁架；9—刮板；10—污泥井；11—固定桥；12—球阀式撇渣机构

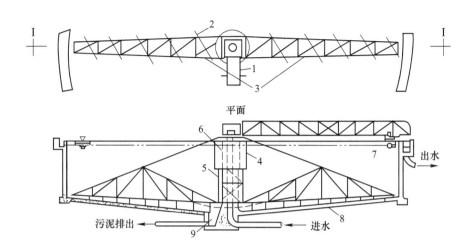

图 3-11　周边驱动式辐流式沉淀池

1—步道；2—弧形刮板；3—刮板旋壁；4—整流筒；5—中心架；
6—钢筋混凝土支撑台；7—周边驱动；8—池底；9—污泥斗

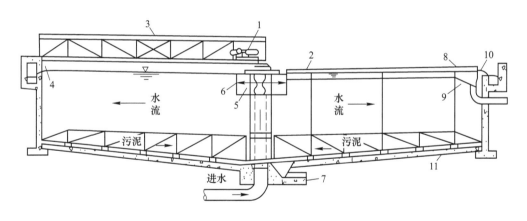

图 3-12　辐流式沉淀池

1—驱动；2—装在一侧桁架上的刮渣板；3—桥；4—浮渣挡板；5—转动挡板；
6—转筒；7—排泥管；8—浮渣挡板；9—浮渣箱；10—出水堰；11—刮泥板

（11）周边进水的辐流式沉淀池与中心进水、周边出水的辐流式沉淀池相
比，设计表面负荷可提高 1 倍左右，是一种沉淀效率较高的池型。

3.3.4.2　计算公式

辐流式沉淀池取池子半径 1/2 处的水流断面作为计算断面，计算公式见
表 3-15。周边进水沉淀池的计算公式见表 3-16。

表3-15　计算公式

名　称	公　式	符　号　说　明
沉淀部分水面面积/m²	$F = \dfrac{Q_{max}}{n\, q'^2}$	Q_{max}——最大设计流量，m³/h； q'——表面负荷，m³/(m²·h)； n——池数，个
池体直径/m	$D = \sqrt{\dfrac{4F}{\pi}}$	
沉淀部分有效水深/m	$h_2 = q't$	t——沉淀时间，h
沉淀部分有效容积/m³	$V = \dfrac{Q_{max}}{n}$ 或 $V = Fh_2$	
污泥部分所需的容积/m³	$W = \dfrac{SNT}{1000}$ 如已知污水悬浮物浓度与去除率，污泥量可按下式计算 $W = \dfrac{Q_{max}24(C_0 - C_1)100}{\gamma(100 - p_o)}t$	W——每日污泥量，m³/d； S——每人每日产生的污泥量，L/（人·d）； N——设计人口数； T——两次排泥的时间间隔，初次沉淀池按2d考虑。曝气池后的二次沉淀池按2h考虑、机械排泥的初次沉淀池和生物膜法处理后的二次沉淀池污泥区容积宜按4h的污泥量计算； C_0，C_1——分别是进水与沉淀池民出水的悬浮物浓度，kg/m³，如有浓缩池、小花池及污泥脱水机的上清液回流至初次沉淀池，则式中的C_0应取$1.3C_0$，C_1应取$1.3C_1$的50%～60%； p_o——污泥含水率，%； γ——污泥容量，kg/m³，因污泥的主要成分是有机物，含水率在95%以上，故γ可取1000kg/m³； t——两次排泥的时间间隔
污泥斗容积/m³	$V_1' = \dfrac{1}{3}\pi h_5(r_1{}^2 + r_1 r_2 + r_2{}^2)$	r_1，r_2——污泥斗上下部半径，m； h_5——污泥斗高度，m
池子总高度/m	$H = h_1 + h_2 + h_3 + h_4 + h_5$	h_1——超高，m； h_2——沉淀部分有效水深，m； h_3——缓冲层高度，m； h_4——污泥部分高度，m； h_5——污泥斗高度，m

续表 3-15

名　　称	公　　式	符　号　说　明
污泥斗容积/m³	$V_1' = \dfrac{1}{3}\pi h_5(r_1^2 + r_1 r_2 + r_2^2)$	r_1, r_2——污泥斗上下部半径，m； h_5——污泥斗高度，m
污泥斗以上梯形部分污泥容积/m³	$V_2' = \dfrac{1}{3}\pi h_4(R^2 + Rr_1 + r_1^2)$	R——池体半径，m； h_4——污泥斗以上圆截锥高度，m

表 3-16　周边进水沉淀池的计算公式

名　　称	公　　式	符　号　说　明
沉淀部分水面面积/m²	$F = \dfrac{Q}{nq'}$	Q——最大设计流量，m³/h； n——池数，个； q'——表面负荷，m³/(m²·h)，一般小于 2.5m³/(m²·h)
池子直径/m	$D = \sqrt{\dfrac{4F}{\pi}}$	
校核堰口负荷/L·(s·m)⁻¹	$q_1' = \dfrac{Q_0}{2 \times 3.6\pi D}$	Q_0——单池设计流量，m³/h，$Q_0 = Q/n$，一般 $q_1' \leqslant 4.34\text{m·s}$
校核固体负荷/kg·(m²·d)⁻¹	$q_2' = \dfrac{(1+R)Q_D N_w \times 24}{F}$	N_w——混合液悬浮物浓度（MLSS），kg/m³； R——污泥回流比； Q_D——日平均水量，m³/h； q_2'——一般可达 150kg/(m²·d) 左右
澄清区高度/m	$h_2' = \dfrac{Q_0 t}{F}$	t——沉淀时间，h_2' 一般采用 1~1.5h
污泥区高度/m	$h_2'' = \dfrac{(1+R)Q_0 N_w t'}{0.5(N_w + C_u)F}$	t'——污泥停留时间，h； C_u——底流浓度，kg/m³
池边水深/m	$h_2 = h_2' + h'' + 0.3$	0.3——缓冲层高度，m
沉淀池总高度/m	$H = h_1 + h_2 + h_3 + h_4$	h_1——池子超高，m，一般采用 0.3m； h_2——池边水深，m； h_3——池中心与池边落差，m； h_4——污泥斗高度，m

3.3.5　斜流式沉淀池

斜流式沉淀池是根据"浅层沉淀"理论，在沉淀池中加设斜板或蜂窝斜管以提高沉淀效率的一种新型沉淀池。它具有沉淀效率高、停留时间短、占地少等优点。斜板（管）沉淀池应用于城市污水的初次沉淀池中，其处理效果稳定，维护工作量也不大；斜板（管）沉淀池应用于城市污水的二次沉淀池中，当固体负荷过大时其处理效果不太稳定，耐冲击负荷的能力较差。斜板（管）设备在一定条件下，有滋长藻类等问题，给维护管理工作带来一定困难。

按水流与污泥的相对运动方向，斜板（管）沉淀池可分为异向流、同向流和侧向流3种形式。在城市污水处理中主要采用升流式异向流斜板（管）沉淀池。

3.3.5.1　设计数据

（1）在需要挖掘原有沉淀池潜力，或需要压缩沉淀池占地等技术经济要求下，可采用斜板（管）沉淀池。

（2）升流式异向流斜板（管）沉淀池的表面负荷，一般可比普通沉淀池的设计表面负荷提高1倍左右。对于二次沉淀池，应以固体负荷核算。

（3）斜板垂直净距一般采用80~120m，斜管孔径一般采用50~80mm。

（4）斜板（管）斜长一般采用1.0~1.2m。

（5）斜板（管）倾角一般采用60°。

（6）斜板（管）区底部缓冲层高度，一般采用0.5~1.0m。

（7）斜板（管）区上部水深，一般采用0.5~1.0m。

（8）在池壁与斜板的间隙处应装设阻流板，以防止水流短路。斜板上缘宜向池子进水端倾斜安装，如图3-13所示。

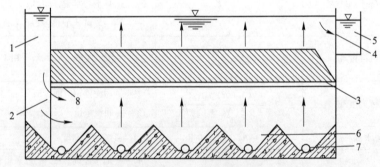

图3-13　斜板（管）沉淀池
1—配水槽；2—穿孔墙；3—斜板或斜管；4—淹没孔口；
5—集水槽；6—集泥斗；7—排泥管；8—阻流板

（9）进水方式一般采用穿孔墙整流布水，出水方式一般采用多槽出水，在池面上增设几条平行的出水堰和集水槽，以改善出水水质，加大出水量。

（10）斜板（管）沉淀池一般采用重力排泥。每日排泥次数至少1~2次，或连续排泥。

（11）池内停留时间：初次沉淀池不超过 30min，二次沉淀池不超过 60min。斜板（管）沉淀池应设斜板（管）冲洗设施。

3.3.5.2 计算公式

计算公式见表 3-17。

表 3-17 计算公式

名 称	公 式	符 号 说 明
沉淀部分水面面积/m²	$F = \dfrac{Q_{max}}{nq' \times 0.91}$	Q_{max}——最大设计流量，m³/h； n——池数，个； q'——表面负荷，m³/(m²·h)； 0.91——斜板区面积利用系数
池子平面尺寸/m	圆形池直径：$D = \sqrt{\dfrac{4F}{\pi}}$ 方形池长：$a = \sqrt{F}$	
池内停留时间/min	$t = \dfrac{(h_3 + h_2) \times 60}{q'}$	h_2——斜板（管）区上部水深，m； h_3——斜板（管）高度，m
污泥部分所需的容积/m³	$V = \dfrac{SNT}{1000}$ $V = \dfrac{Q_{max}(C_1 - C_2) \times 24 \times 100 \times T}{K_z \gamma (100 - p_o) n}$	S——每人每日污泥量，L/(人·d)，一般采用 0.3~0.8L/(人·d)； N——设计人口数，人； T——两次清除污泥间隔时间，d； C_1——进水悬浮物浓度，t/m³； C_2——出水悬浮物浓度，t/m³； K_z——生活污水量总变化系数； γ——污泥容量，t/m³，取 1.0t/m³； p_o——污泥含水率，%； n——池数，个
污泥斗容积/m³	$V_1' = \dfrac{1}{3}\pi h_5 (r_1^2 + r_1 r_2 + r_2^2)$	r_1, r_2——污泥斗上下部半径，m； h_5——污泥斗高度，m
沉淀池总高度/m	$H = h_1 + h_2 + h_3 + h_4 + h_5$	h_1——超高，m； h_4——斜板（管）区底部缓冲层高度，m

3.4 隔 油 池

隔油池是用来处理含油废水的构筑物，常见的型式有平流式和斜板式两种。

典型的平流式隔油池与平流式沉淀池在构造上基本相同。废水从池子流入池中并以较低的水平流速流动，在该过程中密度小于水的油粒浮出水面，密度大于水的颗粒杂质沉于池底。隔油池的出水端设置集油管，平时槽口位于水面上，当浮油层积到一定厚度时，将集油管的开槽方向转向水面以下，让浮油进入管内，从而流出池外。同时为了能及时排除底泥，隔油池底还设有刮泥机。平流式隔油池可以去除的最小油滴直径为 $100\sim150\mu m$，上升速度不高于 $0.9mm/s$。

对于细分散油通常采用斜板隔油池，其装配的波纹形斜板板间距约 $40mm$，倾角不小于 $45°$，废水沿板面向下流动并从出水堰排出，而水中的油滴沿板的下表面向上流动经集油管收集排出，可分离的油滴最小粒径约为 $80\mu m$，相应的上升速度约为 $0.2mm/s$。

但在除油过程中仅仅依靠油滴与水的密度差进行油、水分离的去除效率一般为 $70\%\sim80\%$ 左右，出水中仍含有一定数量的油分，一般较难降到排放标准以下。因此增加气浮过程可较好的分离油、水，出水中含油量一般可低于 $20mg/L$。

3.5　气　浮　池

气浮法常用于对密度接近或小于水的细小颗粒的分离。气浮过程的技术原理利用在水中形成的微小气泡与水中悬浮的颗粒黏附形成的水—气—颗粒三相混合体系，这种体系的表观密度小于水，因此会上浮至水面而容易被刮除。气浮法工艺必须要满足基本条件有：必须提供足够量的细微气泡；必须使目标污染物形成悬浮状态；必须使气泡与悬浮的污染物产生黏附作用。

按产生微细气泡的形式不同，气浮法可分成电解气浮法、分散空气气浮法、溶解空气气浮法。其中分散空气气浮法又可分为微孔曝气气浮法和剪切空气气浮法，而溶解空气气浮法根据气泡析出时所处压力环境的不同可分为真空气浮法和加压溶气气浮法。

气浮池的功能是提供一定的容积和池表面积来使微气泡与水中的悬浮颗粒形成水—气—颗粒三相混合体系，并使其浮于水体表面达到与水分离的目的。目前应用最为广泛的气浮池有平流式和竖流式两种。平流式的优点是池身浅、运行方便、结构简单、造价低，而缺点是分离模块的容积利用率不高。竖流式的优点是接触室在池中央，水流向四周扩散，水力条件好，而缺点是气浮池与反应池较难衔接。实际应用时应根据具体的水体状况选用合理的分离方式。

3.6　活性污泥法

活性污泥是微生物群体及它们所依附的有机物质和无机物质的总称，可分为好氧活性污泥和厌氧颗粒活性污泥。活性污泥的性能指标包括：混合液悬浮固体浓度（MLSS, Mixed Liquid Suspended Solids）、污泥沉降比（SV%, Sludge Settling Velouty）、污泥体积指数（SVI, Sludge Volume Index）、污泥密度指数（SDI, Sludge Density Index）。

活性污泥法是在活性污泥的基础上设计的一种废水生物处理技术，是以活性污泥为主体的废水生物处理的主要方法。该方法是在人工充氧条件下，对污水和各种微生物群体进行连续混合培养，形成活性污泥。利用活性污泥的生物凝聚、吸附和氧化作用，以分解去除污水中的有机污染物。然后使污泥与水分离，大部分污泥再回流到曝气池，多余部分则排出活性污泥系统。活性污泥法由曝气池、沉淀池、污泥回流及剩余污泥排除系统等部分组成。基本流程图如图 3-14 所示。

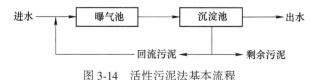

图 3-14　活性污泥法基本流程

3.6.1　曝气池

曝气是使空气与水强烈接触的一种手段，其目的在于将空气中的氧溶解于水中，或者将水中不需要的气体和挥发性物质放逐到空气中。在活性污泥法中，曝气池实质上是一个生物反应器，空气通过曝气设备通入，空气中所含的氧气融入污水使活性污泥混合液产生好氧代谢反应。曝气池主要由池体、曝气系统和进出水口三个部分组成，池体平面形状主要包括长方形、方形与圆形。另外它的池型与所需的水力特征及反应要求密切相关，主要分为推流式曝气池、完全混合曝气池、封闭环流式反应池、序批式反应池。

3.6.1.1　曝气池类型

（1）推流式曝气池：推流式曝气池的运行原理是使污水从曝气池的一端流入，在后续水流的推动下，沿池的长度流动，并从池的另一端流出池外的曝气池。在理论上，推流式曝气池中进水口的底物浓度最高，出水口浓度最低，且推流横断面上各点浓度均匀一致。然而在实际运行过程中，存在掺杂混合现象，无法达到理想状态。工艺流程图如图 3-15 所示。

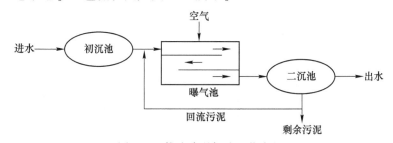

图 3-15　推流式曝气池工艺流程

（2）完全混合曝气池：完全混合曝气池是池内各点水质和微生物保持均匀混合的曝气池。它的形状可以是圆形或者矩形。污水进入曝气池后，在曝气搅拌作用下与池中原有混合液充分混合，池内各点水质、F/M 值、微生物种类构成基本相同。另外，该工艺耐冲击负荷能力较强。但是该工艺的连续进水、出水可能造成短路，且易引起污泥膨胀。本工艺适合处理工业废水，特别是高浓度的有机废水，也可以处理城市污水，如图 3-16 所示。

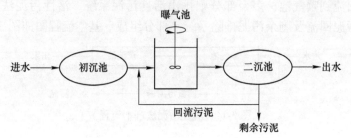

图 3-16　完全混合曝气池工艺流程

完全混合式曝气池各项设计参数见表 3-18。

表 3-18　完全混合曝气池设计参数

项　目	数　值
单位 MLSS 的 BOD_5 负荷 $s/kg \cdot (kg \cdot d)^{-1}$	0.2~0.6
容积负荷（BOD_5）$v/kg \cdot (m^3 \cdot d)^{-1}$	0.8~2.0
污泥龄（生物固体平均停留时间）θ_c/d	5~15
混合液悬浮固体浓度 $/mg \cdot L^{-1}$	3000~6000
混合液挥发性悬浮固体浓度 MLVSS $/mg \cdot L^{-1}$	2400~4800
污泥回流比 $R/\%$	25~100
曝气时间 t/h	3~5
BOD_5 去除率 $/\%$	85~90

（3）封闭环流式反应池：封闭环流式反应池结合了推流和完全混合两种流态的特点，污水进入反应池后，在曝气设备的作用下被快速均匀地与反应器中混合液混合，混合后的水在封闭的沟渠中循环流动。封闭环流式反应池在短时间内呈现推流式，而长时间内呈现完全混合特征。两种流态的结合，可减小短流，使进水被数十倍甚至数百倍的循环混合液所稀释，从而提高了反应器的缓冲能力。封闭环流式反应池工艺流程如图 3-17 所示。

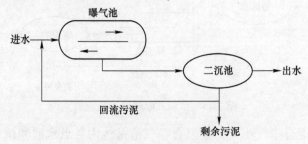

图 3-17　封闭环流式曝气池工艺流程

（4）序批式反应池：序批式反应池在流态上属于完全混合，但有机污染物是随着反应时间的推移而被逐步降解的。在同一反应池（器）中，按时间顺序由进水、反应、沉淀、出水和闲置五个基本工序组成，从污水流入到闲置待机结束构成一个周期，无须设置污泥回流系统和沉淀池（见图3-18）。周期循环时间以及每一个周期内的各阶段时间均可根据不同处理对象和处理要求进行调节。

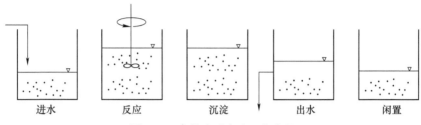

进水　　　　　反应　　　　　沉淀　　　　　出水　　　　　闲置

图3-18　序批式反应池工艺流程

3.6.1.2　曝气池相关设计计算：

（1）曝气池容积设计计算：

有机物负荷法：

$$L_S = \frac{F（基质的总投加量）}{M（微生物的总量）} = \frac{QS_0}{V \cdot X}$$

式中　F/M——食物与微生物比，g/（g·d）。

因此，生物反应池的容积应该为：

$$V = \frac{Q \cdot S_0}{L_s \cdot X}$$

根据我国现行的《室外排水设计规范》［GB 50014—2006（2011版）］中的负荷，是去除负荷的概念，其计算容积公式为：

$$V = \frac{Q(S_0 - S_e)}{L_s \cdot X}$$

式中　L_s——活性污泥负荷（BOD_5），kg/（kg·d）；

　　　Q——与曝气时间相当的平均进水流量，m^3/d；

　　　S_0——曝气池进水的平均BOD_5值，mg/L 或 kg/m^3；

　　　S_e——曝气池出水的平均BOD_5值，mg/L 或 kg/m^3；

　　　X——曝气池混合液污泥浓度（MLSS 或 MLVSS），mg/L 或 kg/m^3；

　　　V——曝气池容积，m^3。

运用污泥负荷时应注意使用 MLSS 或 MLVSS 表示曝气池混合液污泥浓度时应与 L_s 中的污泥浓度含义对应。

容积负荷是指单位容积曝气池在单位时间内所能接受的 BOD_5 量，即：

$$L_V = \frac{Q \cdot S_0}{V}$$

式中　L_V——容积负荷率（V），$kg/(m^3 \cdot d)$。

根据容积负荷可计算曝气池的体积 $V(m^3)$，即：

$$V = \frac{Q \cdot S_0}{L_v}$$

污泥龄法：

$$V = \frac{QY\theta_c(S_0 - S_e)}{X \cdot (1 + K_d\theta_c)}$$

式中　V——曝气池容积，m^3；

　　　Y——活性污泥的产率系数（$kg/kgBOD_5$）；

　　　Q——与曝气时间相当的平均进水流量，m^3/d；

　　　S_0——曝气池进水的平均 BOD_5 值，mg/L；

　　　S_e——曝气池出水的平均 BOD_5 值，mg/L；

　　　θ_c——污泥龄（SRT），d；

　　　X——曝气池混合液污泥浓度（MLVSS），mg/L；

　　　K_d——内源代谢系数，d^{-1}。

（2）剩余污泥量计算：

按污泥龄计算

$$\Delta X = \frac{VX}{\theta_c}$$

式中　ΔX——每天排出的总固体量，$gVSS/d$；

　　　X——曝气池中的 MLVSS 浓度，$gVSS/m^3$；

　　　V——曝气池反应器容积，m^3；

　　　θ_c——污泥龄（生物固体平均停留时间），d。

根据污泥产率系数或表观产率系数计算。

产率系数是指降解单位质量的底物所增长的微生物的质量，污泥产率系数 Y 可表示为：

$$Y = -\frac{dX}{dS}$$

则活性污泥微生物每日在曝气池内的净增殖量为：

$$\Delta X_v = Y(S_0 - S_e)Q - K_dVX_v$$

式中　ΔX_v——每日增长的挥发性活性污泥量，kg/d；

　　　Y——产率系数，即微生物每代谢 $1kg\ BOD_5$ 所合成的 MLVSS，kg；

$Q(S_0 - S_e)$——每日的有机污染物去除量，kg/d；

　　VX_v——曝气池内挥发性悬浮固体总量，kg。

产率系数的另一种表达为表观产率系数 Y_{obs}：Y_{obs} 又称观测产率系数或净产率系数。

$$Y_{obs} = -\frac{dX'}{dS}$$

式中　dX'——微生物的净增长量。

$$\Delta X_v = Y_{obs}Q(S_0 - S_e)$$

式中各项意义同前。

（3）需氧量设计计算。

1）根据有机物降解需氧率和内源代谢需氧率计算：

$$O_2 = a'QS_r + b'VX_v$$

式中　O_2——混合液需氧量 O_2，kg/d；

　　　a'——活性污泥微生物氧化分解有机物过程的需氧率，即活性污泥微生物每代谢 1kg BOD_5 所需要的氧量 O_2，kg/kg；

　　　Q——处理污水流量，m^3/d；

　　　S_r——经活性污泥代谢活动被降解的有机污染物（BOD_5）量，kg/m^3，$S_r = S_0 - S_e$；

　　　b'——活性污泥微生物内源代谢的自身氧化过程的需氧量，即每 1kg 活性污泥每天自身氧化所需要的氧量 O_2，$kg/(kg \cdot d)$；

　　　V——曝气池容积，m^3；

　　　X_v——曝气池内 MLVSS 浓度，kg/m^3。

生活污水的 a' 为 0.42~0.53，b' 值介于 0.11~0.19。

2）微生物对有机物的氧化分解需氧量。

对于活性污泥法处理系统，所需的氧量：

$$耗氧量=去除的\ b_{COD}-合成微生物\ COD$$
$$O_2 = Q(b_{COD_0} - b_{COD_e}) - 1.42\Delta X_v$$

式中　Q——处理污水流量，m^3/d；

　　　b_{COD_0}——系统进水可生物降解 COD 浓度，g/m^3；

　　　b_{COD_e}——系统出水可生物降解 COD 浓度，g/m^3；

　　　ΔX_v——剩余污泥量（以 MLVSS 计算），g/d；

　　　1.42——污泥的氧当量系数，完全氧化 1 个单位的细胞（以 $C_5H_7NO_2$ 表示细胞分子式），需要 1.42 单位的氧。

通常使用 BOD_5 作为污水中可生物降解的有机物浓度，如果近似以 BOD_L 代替 b_{COD}，则在 20℃，$K_1 = 0.1$ 时，$BOD_5 = 0.68BOD_L$，则上式可改为：

$$O_2 = \frac{Q(S_0 - S_e)}{0.68} - 1.42\Delta X_v$$

3.6.2　厌氧/好氧工艺（A/O工艺）

3.6.2.1　生物脱氮原理

生物脱氮是指在微生物的联合作用下，污水中的有机氮及氨氮经过氨化作用、硝化反应、反硝化反应，最后转化为氮气的过程。

（1）氨化反应。

在氨化菌的作用下，有机氮化合物分解、转化为氨态氮，以氨基酸为例，其反应式为：

$$RCHNH_2COOH + O_2 \longrightarrow RCOOH + CO_2 + NH_3$$

（2）硝化反应。

首先在亚硝化菌的作用下，氨（NH_4^+）转化为亚硝酸氮，接着，亚硝酸氮（$NO_2\text{-}N$）在硝化菌的作用下，进一步转化为硝酸氮。

（3）反硝化作用。

$NO_3\text{-}N$在反硝化菌的代谢活动下，进行两个途径的转化。一个是同化反硝化，最终产物为有机氮化合物，成为菌体的一部分；另一个是异化反硝化，最终产物为气态氮。

3.6.2.2　A/O脱氮工艺

A/O工艺是改进的活性污泥法，又称前置缺氧-好氧生物脱氮工艺。A代表厌氧过程，用于脱氮除磷，O代表好氧过程，用于去除水中的有机物。A/O工艺流程如图3-19所示。

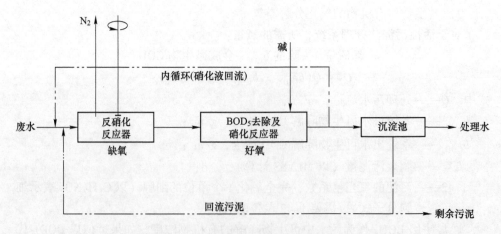

图3-19　前置缺氧-好氧生物脱氮工艺

A/O工艺设计参数见表3-19。

表 3-19 A/O 工艺设计参数表

水力停留时间 HRT/h	A 段 0.5~1（不超过 2），O 段 2.5~6
污泥龄 θ_c/d	>10
溶解氧/mg·L^{-1}	A 段趋近于 0，O 段 1~2
温度/℃	20~30
pH	A 段 8.0~8.4，O 段 6.5~7.5
污泥 MLSS 负荷 BOD$_5N_s$/kg·(kg·d)$^{-1}$	0.1~0.7（≤0.18）
污泥浓度 X/mg·L^{-1}	3000~5000（≥3000）
MLSS 总氮 TN 负荷率/kg·(kg·d)$^{-1}$	<0.05
混合液回流比 R_w/%	200~500
污泥回流比 R/%	50~100

（1）前置缺氧反硝化具有以下特点：

1）反硝化产生碱度可补充硝化反应之需，大约可补偿硝化反应中所消耗的碱度的 50%；

2）无须外加碳源；

3）利用硝酸盐作为电子受体处理进水中有机污染物，节省后续曝气量；

4）前置缺氧池可有效控制系统污泥膨胀。

（2）前置缺氧-好氧生物脱氮工艺的优势包括：

1）效率高。该工艺对废水中的有机物，氨氮等均有较高的去除效果。当总停留时间大于 54h，经生物脱氮后的出水再经过混凝沉淀，可将 COD 值降至 100mg/L 以下，其他指标也达到排放标准，总氮去除率在 70% 以上。

2）流程简单，投资省，操作费用低。该工艺是以废水中的有机物作为反硝化的碳源，故不需要再另加甲醇等昂贵的碳源。尤其，在蒸氨塔设置有脱固定氨的装置后，碳氮比有所提高，在反硝化过程中产生的碱度相应地降低了硝化过程需要的碱耗。

3）缺氧反硝化过程对污染物具有较高的降解效率。如 COD、BOD$_5$ 和 SCN$^-$ 在缺氧段中去除率在 67%、38%、59%，酚和有机物的去除率分别为 62% 和 36%，故反硝化反应是最为经济的节能型降解过程。

4）容积负荷高。由于硝化阶段采用了强化生化，反硝化阶段又采用了高浓度污泥的膜技术，有效地提高了硝化及反硝化的污泥浓度，与国外同类工艺相比，具有较高的容积负荷。

5）耐负荷冲击能力强。当进水水质波动较大或污染物浓度较高时，A/O 工艺均能维持正常运行。

（3）A/O 脱氮工艺过程设计。

1）缺氧区容积设计：

$$V_n = \frac{Q(N_k - N_{te}) - 0.12\Delta X_v}{K_{de}X_v}$$

式中　V_n——缺氧区池体容积，m^3；

　　　Q——生物脱氮系统设计污水流量，m^3/d；

　　　N_k——生物脱氮系统进水总凯氏氮浓度，g/m^3；

　　　N_{te}——生物脱氮系统出水总氮浓度，g/m^3；

　　　K_{de}——反硝化速率（NO₃-N/MLSS），$g/(g \cdot d)$；

　　　ΔX_v——排出生物脱氮系统的剩余污泥 MLVSS 量，g/d。

2）好氧区容积计算：

$$V = \frac{Q\theta_{co}Y(S_0 - S_e)}{X_v(1 + K_d\theta_{co})}$$

式中　Q——生物脱氮系统设计污水流量，m^3/d；

　　　θ_{co}——好氧区设计污泥龄，d；

　　　Y——产率系数，即微生物每代谢 1kg BOD₅，所合成的 MLVSS，kg；

　　　X_v——混合液挥发性悬浮固体浓度，g/m^3；

　　　K_d——内源代谢系数，d^{-1}；

　　　S_0——曝气池进水的平均 BOD₅值，mg/L；

　　　S_e——曝气池出水的平均 BOD₅值，mg/L。

3）需氧量计算：

$$O_2 = \frac{Q(S_0 - S_e)}{0.68} - 1.42\Delta X_v + 4.57[Q(N_k - N_{ke}) - 0.12\Delta X_v] -$$
$$2.86[Q(N_t - N_{ke} - N_{oe}) - 0.12\Delta X_v]$$

式中　O_2——生物脱氮系统总需氧量，g/d；

　　　Q——设计污水流量，m^3/d；

　　2.86——单位硝酸盐还原提供的氧当量；

　　　N_t——进水总氮浓度，g/m^3；

　　　N_k——进水总凯氏氮浓度，g/m^3；

　　　N_{ke}——出水总凯氏氮浓度，g/m^3；

　　　N_{oe}——出水总硝态氮浓度，g/m^3。

4）混合液回流量：

$$R_i = \frac{N_{NO}}{N_{NO_e}} - R - 1.0$$

式中　R_i——内回流比（混合液回流比）；

R——污泥回流比；

N_{NO}——好氧区产生的硝酸盐浓度，g/m^3；

N_{NO_e}——出水硝酸盐浓度，g/m^3。

3.6.2.3 A/O 除磷工艺

A/O 法除磷工艺是由厌氧区和好氧区组成的同时去除污水中有机污染物及磷的处理系统。聚磷菌在 A/O 池的 A（厌氧）段处于无氧状态，在此状态下，聚磷菌吸收污水中含有的乙醇、甲酸、乙酸、丙酸等易生物降解的有机物贮于细胞内作为营养源，同时将细胞内已有的聚合磷酸盐以 PO_4^{3-}-P 的形式释放到水中。而在有氧状态下，聚磷菌将细胞内存在的有机物质进行氧化分解产生能量，将污水中的 PO_4^{3-}-P 超量吸收于细胞内，又以聚磷酸盐的形式贮存在细胞内，这些磷最终以污泥的形式排出，从而达到从污水中去除磷的目的。A/O 法除磷工艺流程如图 3-20 所示。

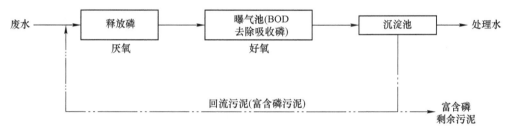

图 3-20 A/O 除磷工艺流程

（1）A/O 法除磷工艺设计参数见表 3-20。

表 3-20 A/O 法除磷工艺设计参数

溶解氧浓度/mg·L^{-1}	>2
pH	7~8
水力停留时间/h	3~6
曝气池污泥浓度/mg·L^{-1}	2700~3000
磷去除比例/%	>90
出水磷含量/mg·L^{-1}	<1
污泥体积指数	<100

（2）生物除磷工艺过程设计。

厌氧区容积设计：

$$V_p = Q \cdot t_p$$

式中 V_p——厌氧区容积，m^3；

Q——设计污水流量，m^3/h；

t_p——厌氧区水力停留时间，一般取 $1\sim2h$。

3.6.3 生物脱氮除磷（A^2/O 工艺）

A^2/O 工艺也称 A-A-O（Anaerobic-Anoxic-Oxic）工艺，从实际意义上讲，本工艺为厌氧-缺氧-好氧法，是流程最简单，应用最广泛的脱氮除磷工艺。工艺流程如图 3-21 所示。

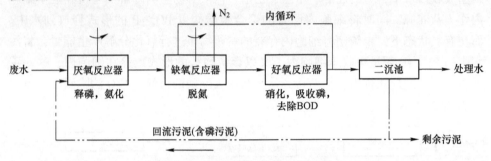

图 3-21 A^2/O 脱氮除磷工艺流程

3.6.3.1 各单元功能及其工艺特征

（1）厌氧反应器：原污水从沉淀池排出的含磷回流污泥同步进入该反应器，其主要功能是释放磷，同时对部分有机物进行氨化。

（2）缺氧反应器：污水经厌氧反应器进入该反应器，其首要功能是脱氮，硝态氮是通过内循环由好氧反应器送来，循环的混合液量较大，一般为 $2Q$（Q 为原污水量）。

（3）好氧反应器-曝气池：混合液由缺氧反应器进入该反应器，其功能是多重的，去除 BOD、硝化和吸收磷都是在该反应器内进行，混合液中含有 NO_3-N，污泥中含有过剩的磷，而污水中的 BOD（或 COD）则得到去除，流量为 $2Q$ 的混合液从这里回流到缺氧反应器。

（4）沉淀池：其功能是泥水分离，污泥的一部分回流到厌氧反应器，上清液作为处理水排放。

3.6.3.2 A^2/O 工艺运行过程

污水首先进入厌氧反应区，同时进入的还有二沉池回流的活性污泥，聚磷菌在环境条件下释放磷，同时将易降解的 COD、VFA 转化为 PHB，部分含氮有机物进行氨化。

污水经过厌氧反应器后，进入缺氧反应区，进行脱氮，硝态氮通过混合液内循环由好氧反应器传输过来，通常内回流量为 $2\sim4$ 倍原污水流量，部分有机物在反硝化细菌作用下利用硝酸盐作为电子受体而得到降解去除。

混合液从缺氧反应区进入好氧反应区，如果反硝化反应进行基本完全，混合液中的 COD 浓度已基本接近排放标准，在好氧反应区除进一步降解有机物外，主要进行氨氮的硝化和磷的吸收，混合液中硝态氮回流至缺氧反应区，污泥中过量吸收的磷通过剩余污泥排出。

3.6.3.3　A²/O 工艺特点

（1）是最简单的同步脱氮除磷工艺，总的水力停留时间少于其他同类工艺。

（2）在厌氧（缺氧）、好氧交替运行条件下，丝状菌不能大量增殖，无须考虑污泥膨胀。

（3）污泥中含磷浓度高，一般为 2.5% 以上，肥效高。

（4）运行中无须投药，运行费用低。

（5）脱氮效果受混合液回流比大小的影响，除磷效果则受回流污泥中挟带溶解氧 DO 和硝酸态氧的影响。

3.6.3.4　A²/O 工艺设计参数

A²/O 工艺设计参数见表 3-21。

表 3-21　A²/O 工艺设计参数表

MLSS 污泥 BOD$_5$ 负荷率 N_s/kg·(kg·d)$^{-1}$	≥0.1（0.15~0.7）
TN 负荷/kg·(kg·d)$^{-1}$	<0.05
TP 负荷/kg·(kg·d)$^{-1}$	0.003~0.006
污泥负荷/mg·L^{-1}	2000~4000（3000~5000）
水力停留时间/h	厌氧区：1~2h，缺氧区：0.5~3h，好氧区 5~10h
污泥回流比/%	25~100
混合液回流比/%	≥200（100~300）
污泥龄 θ_c/d	3.5~7（5~10）
溶解氧浓度/mg·L^{-1}	好氧段 DO=2，缺氧段 DO≤0.5，厌氧段 DO<0.2
TP/BOD$_5$	<0.06
COD/TN	≥10
反硝化 BOD$_5$/NO$_3^-$	>4
温度/℃	13~18（≤30）
pH	6~8

3.6.3.5　改进 A²/O 工艺

虽然 A²/O 工艺流程简单，运用广泛，但传统的 A²/O 工艺也存在如下问题：

（1）聚磷菌和硝化菌、反硝化菌等多种微生物不能在各自最佳的生长条件下生长。

（2）内循环的存在使得部分剩余污泥中实际未经历完整的释磷、吸磷过程，影响除磷效果；由于缺氧区位于系统中部，反硝化在碳源分配上居于不利地位，因此影响了系统的脱氮效果。

因此，有必要对传统生物脱氮除磷工艺进行改进。倒置 A^2/O 工艺也被提出，该工艺具有明显的节能和提高除磷效果等优势。工艺流程如图 3-22 所示。

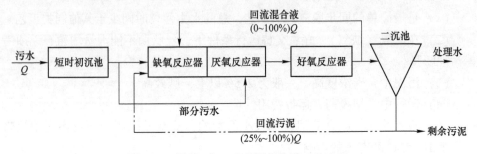

图 3-22　倒置 A^2/O 生物脱氮除磷工艺流程

倒置 A^2/O 生物脱氮除磷工艺的特点是：采用较短停留时间的初沉池，使进水中的细小有机悬浮固体有相当一部分进入生物反应器，以满足反硝化细菌和聚磷菌对碳源的需要，并使生物反应器中的污泥能够达到较高的浓度，整个系统中的活性污泥都完整的经过厌氧和好氧的过程，因此排放的剩余污泥中都能充分地吸收磷；避免了回流污泥中的硝酸盐对厌氧释磷的影响；由于反应器中活性污泥浓度较高，从而促进了好氧生物反应器中的同步硝化、反硝化，因此可用较少的总回流量（污泥回流和混合液回流）达到较好的总氮去除效果。

3.6.3.6　常用脱氮除磷工艺性能特点（见表 3-22）

表 3-22　常用脱氮除磷工艺特点

工艺名称	优　点	缺　点
A_N/O	在好氧池前去除 BOD，节能；硝化前产生碱度；前缺氧具有选择池的功能	脱氮效果受内循环比的影响；可能存在诺卡氏菌的问题；需要控制循环混合液的 DO
A_P/O	工艺过程简单；水力停留时间短；污泥沉降性能好；聚磷菌碳源丰富，除磷效果好	如有硝化发生除磷效果会降低；工艺灵活性差
A^2/O	同时脱氮除磷；反硝化过程为硝化提供碱度；反硝化过程同时去除有机物；污泥沉降性能好	回流污泥含有硝酸盐进入厌氧区，对除磷效果有影响；脱氮受内回流比的影响；聚磷菌和反硝化细菌都需要易降解有机物
倒置 A^2/O	同时脱氮除磷；厌氧区释磷无硝酸盐的干扰；无混合液回流时，流程简捷，节能；反硝化过程同时去除有机物；好氧吸收磷充分；污泥沉降性能好	厌氧释磷得不到优质易降解碳源；无混合液回流时总氮去除效果不高

3.6.3.7 计算方法与公式

（1）按 BOD_5 污泥负荷计算（见表 3-23）。

表 3-23 A^2/O 工艺设计计算公式

名称	公式	符号意义
生化反应容积比	$\dfrac{V_1}{V_2} = 2.5 \sim 3$	V_1——好氧段容积，m^3； V_2——厌氧段容积，m^3
生化反应池总体积	$V = V_1 + V_2 = \dfrac{24QL_0}{N_sX}$	V——生化反应总容积，m^3； Q——污水设计流量，m^3/h； L_0——生化反应池进水 BOD_5 浓度，kg/m^3； X——污泥浓度，kg/m^3； N_s——BOD 污泥负荷，$kg/(kg \cdot d)$
水力停留时间	$t = \dfrac{V}{Q}$	t——水力停留时间，h
剩余污泥量	$W = aQ_{平}L_r - bVX_v + S_rQ_{平} \times 50\%$	a——污泥产率系数，kg/kg，一般为单位 BOD_5 $0.5\sim0.7kg/kg$； b——污泥自身氧化系数，d^{-1}，一般为 $0.05d^{-1}$； W——剩余污泥量，kg/d； L_r——生化反应池去除 BOD_5 浓度，kg/m^3； $Q_{平}$——平均日污水流量，m^3/d； S_r——反应器去除的 SS 浓度，kg/m^3； X_v——挥发性悬浮固体浓度，kg/m^3 $X_v = 0.75X$
剩余活性污泥量	$X_w = aQ_{平}L_r - bVX_v$	X_w——剩余活性污泥量，kg/d
湿污泥量	$Q_s = \dfrac{W}{1000(1 - P)}$	Q_s——湿污泥量，m^3/d； P——污泥含水率，%
污泥龄	$\theta_c = \dfrac{VX_v}{X_w}$	θ_c——污泥龄，d
最大需氧量	$O_2 = a'QL_r - b'X_w$	a'，b'——分别为 1.4，1.42
回流污泥浓度	$X_r = \dfrac{10^6}{SVI} \cdot r$	X_r——回流污泥浓度，mg/L； SVI——污泥体积指数； r——与停留时间、池身、污泥浓度有关的系数，一般 $r = 1.2$
混合液回流污泥浓度	$X = \dfrac{R}{1 + R}X_r$	R——污泥回流比，%

（2）采用劳-麦式方程计算（见表 3-24）。

表 3-24　A^2/O 工艺设计计算公式

名　称	公　式	符　号　意　义
污泥龄	$\dfrac{1}{\theta_c} = YN_s - K_d$ $\dfrac{1}{\theta_c} = \dfrac{Q}{V}\left(1 + R - R\dfrac{X_r}{X_v}\right)$	θ_c——污泥龄，d； Y——污泥产率系数，kg/kg； N_s——BOD_5 污泥负荷，kg/(kg·d)； K_d——内源呼吸系数，d^{-1}； Q——污水设计流量，m^3/d； V——反应器容积，m^3； R——回流比，%
曝气池内污泥浓度	$X = \dfrac{\theta_c}{t} \times \dfrac{Y(L_0 - L_e)}{1 + K_d\,\theta_c}$	X——曝气池内活性污泥浓度，kg/m^3； t——水力停留时间，h； L_0——原废水 BOD_5 浓度，mg/L； L_e——处理水 BOD_5 浓度，mg/L
最大回流污泥浓度	$X_{max} = \dfrac{10^6}{SVI} \cdot r$	X_{max}——最大回流污泥浓度，mg/L； SVI——污泥体积指数； r——与停留时间、池身、污泥浓度有关的系数，一般 $r=1.2$
最大回流挥发性悬浮固体浓度	$X_r = fX_{max}$	X_r——最大回流挥发性悬浮固体浓度，mg/L； f——系数，一般为 0.75

3.6.4　SBR 工艺

在同一反应池（器）中，按时间顺序由进水、反应、沉淀、出水和闲置五个基本工序组成的活性污泥污水处理方法，简称 SBR 法（序批式活性污泥法）。SBR 法是污水生物处理方法的最初模式。SBR 法基本工艺流程为：预处理→SBR→出水，其操作程序是在一个反应器内的一个处理周期内依次完成进水、生化反应、泥水沉淀分离、排放上清液和闲置等 5 个基本过程（见图 3-23）。在运行过程中，进水后经过一定时间的缺氧搅拌，好氧菌首先利用进水中携带的有机物和溶解氧进行好氧分解，此时水中的溶解氧将迅速降低甚至达到零，这时反硝化细菌利用原污水碳源进行反硝化脱氮去除沉降分离后留在池中的硝酸盐，然后池体进入厌氧状态，聚磷菌释放磷；接着进行曝气，硝化细菌进行硝化反应，聚磷菌吸收磷，经一定反应时间后，停止曝气，进行静置沉淀，当污泥沉淀下来后，滗出上部清水，而后再进入原污水进行下一个周期循环。

3.6.4.1　SBR 脱氮除磷工艺具有以下几个特征

（1）可省去初次沉淀池。二沉池和污泥回流设备，运行时单池运行，与标准活性污泥法比较，占地面积小，基建和运行费用低。

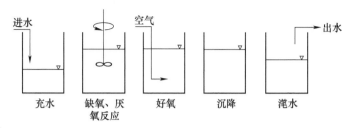

图 3-23　SBR 生物脱氮除磷工艺

（2）可同时进行脱氮除磷，但脱氮和除磷同时进行时操作较复杂。

（3）静置沉淀可获得低 SS 出水。

（4）耐冲击负荷能力强，池内有滞留的处理水，对污水有稀释和缓冲作用，能有效抵抗水量和有机污染物的冲击。

（5）反应池内存在 DO、BOD_5 浓度梯度，不易产生污泥膨胀。

（6）理想的推流过程使生化反应推动力增大，效率提高，池内厌氧、好氧处于交替状态，净化效果好。

（7）SBR 法中微生物的 RNA 含量是标准污泥法中的 3~4 倍，故 SBR 法处理有机物效率高。

（8）SBR 法系统本身适用于组件式构造方法，有利于废水处理厂的扩建与改造，SBR 法的一般工艺流程如图 3-24 所示。

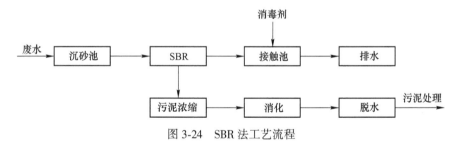

图 3-24　SBR 法工艺流程

3.6.4.2　SBR 工艺设计参数（见表 3-25）

表 3-25　SBR 工艺设计参数

MLSS/mg·L^{-1}	3000~4000
停留时间/h	厌氧区：1.5~3，缺氧区：1~3，好氧区：2~4
BOD 污泥负荷/kg·(kg·d)$^{-1}$	高负荷运行：0.1~0.4，低负荷运行：0.1~0.3
周期数	高负荷运行：3~4，低负荷运行：2~3
排除比（每一周期的排水量与反应池容积之比）	高负荷运行：1/4~1/2，低负荷运行：1/6~1/3

安全高度（活性污泥界面以上最小水深）/cm	50 以上
单位 BOD 需氧(O_2)量/kg·kg^{-1}	高负荷运行：0.5～1.5，低负荷运行：1.5～2.5
反应池个数	≥2（$Q<500m^2/d$ 时可取 1）

3.6.4.3 SBR 工艺设计及计算

（1）反应时间

$$T_A = \frac{24C_0}{L_s mX}$$

$$T_s = \frac{H \cdot \left(\frac{1}{m}\right) + \varepsilon}{V_{max}}$$

$$T_c = T_A + T_s + T_D$$

式中　L_s——BOD_5污泥负荷，0.03～0.4kg/(kg·d)；

　　$1/m$——排水比，2～6（反应池总容积与充水容积之比）；

　　X——MLSS 浓度，1500～5000mg/L；

　　ε——安全高度，活性污泥界面上的最小水深，m；

　　H——反应器水深，m；

　　V_{max}——活性污泥界面的初始沉降速度，m/h；

　　T_A——反应池曝气时间，h；

　　T_s——沉淀时间，h；

　　T_D——排出时间，h，一般为 1h；

　　T_c——一个周期所要的时间。

（2）反应池有效容积（V）

$$V = \frac{24\Delta QC_0}{1000XL_s T_A}$$

式中　ΔQ——一周期进水量。

（3）需氧量，供氧量及供气量

$$O_D = a \times L_r \times b\Sigma MLVSS \times T_A + 4.57N_0 - 2.86N_D$$

式中　O_D——每周期需氧量，kg/周期；

　　L_r——BOD 去除量，kg/周期；

　　$\Sigma MLVSS$——反应器内的生物量，kg；

　　T_A——曝气时间，h/周期；

　　N_0——硝化量，kg/周期；

N_D——脱氮量，kg/周期；

a——系数（O_2/BOD_5），kg/kg；

b——污泥 MLVSS 自身氧化需氧（O_2）率，kg/(kg·h)。

曝气装置的供氧能力 SOR(kg/h) 可按下式计算：

$$SOR = \frac{(O_D) C_{S(20)}}{1.024^{T-20}\alpha(\beta r C_{S(T)} - C_L)} \times \frac{760}{P} \times \frac{1}{t}$$

式中　$C_{S(20)}$——清水中 20℃饱和溶解氧浓度，mg/L；

$C_{S(T)}$——清水中 T℃饱和溶解氧浓度，mg/L；

T——混合液的水温（7~8 月的平均水温），℃；

C_L——混合液的溶解氧浓度，mg/L；

α——K_{La}的修正系数，高负荷法取 0.83，低负荷法取 0.93；

β——饱和溶解氧修正系数，高负荷法取 0.95，低负荷法取 0.97；

P——处理厂位置的大气压，Pa；

t——1d 的曝气时间；

r——曝气头水深的修正，且满足 $r = \frac{1}{2} \times \left(\frac{10.33 + H_A}{10.33} + 1\right)$，其中

H_A 为曝气头水深，m。

鼓风机的供风量（m^3/min）可按下式计算：

$$G_S = \frac{SOR}{0.28 E_A} \times 100 \times \frac{293}{273} \times \frac{1}{60}$$

式中　E_A——氧利用率，%。

3.6.5　氧化沟工艺

氧化沟工艺又名氧化渠工艺，是延时曝气法的一种特殊形式（见图 3-25），它是活性污泥法的一种变形。因其构筑物呈封闭的环形沟渠而得名。因为污水和活性污泥在曝气渠道中不断循环流动，因此有人称其为"循环曝气池""无终端曝气池"。

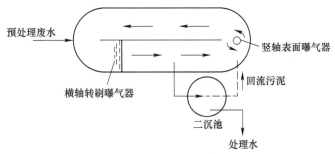

图 3-25　氧化沟工艺处理系统

氧化沟一般由沟体、曝气设备、进出水装置、导流和混合设备组成，沟体的平面形状一般为环形，也可以是长方形、L形、圆形或其他形状，沟端面形状多为矩形和梯形。氧化沟一般采用圆形或椭圆形廊道，池体狭长，池深较浅，在沟槽里设置有机械曝气和推进装置，也有采用局部区域鼓风曝气外加水下推进器的运行方式。池体的布置和曝气、搅拌装置都有利于廊道内的混合液单向流动。

3.6.5.1 氧化沟工艺的特点

（1）氧化沟结合推流和完全混合的特点，有力于克服短流和提高缓冲能力，通常在氧化沟曝气区上游安排入流，在入流点的再上游点安排出流。

（2）氧化沟具有明显的溶解氧浓度梯度，特别适用于硝化-反硝化生物处理工艺。氧化沟从整体上说又是完全混合的，而液体流动却保持着推流前进，其曝气装置是定位的，因此，混合液在曝气区内溶解氧浓度是上游高，然后沿沟长逐步下降，出现明显的浓度梯度，到下游区溶解氧浓度就很低，基本上处于缺氧状态。

（3）氧化沟的沟内功率密度的不均匀配备，有利于氧的传质，液体混合和污泥絮凝。

（4）氧化沟的整体功率密度较低，可节约能源。氧化沟的混合液一旦被加速到沟中的平均流速，对于维持循环仅需克服沿程和弯道的水头损失，因而氧化沟可比其他系统以低得多的整体功率密度来维持混合液流动和活性污泥悬浮状态。

（5）氧化沟的 HRT 和 SRT 均较长，一般情况下，HRT 为 8~40h，SRT 为 10~30d，而硝化菌的世代周期大于 10d。因此，较长的污泥龄有利于硝化菌的繁殖和生存，使氨氮转化率高，去除效果好。

3.6.5.2 氧化沟的类型

A 卡罗塞尔（Carrousel）氧化沟

卡罗塞尔氧化沟系统是由多沟串联氧化沟及二沉池、污泥回流系统所组成（见图 3-26）。其设计有效水深一般为 4.0~4.5m，沟中的流速约为 0.3m/s，BOD_5 的去除率可达 95%~99%，COD 降解率达 90%~95%，脱氮效率约 90%，除磷效率约 60%。

污水经过格栅和沉砂池后，不经过初沉淀，直接与回流污泥一起进入氧化沟系统。在靠近曝气区的下游为富氧区，而其上游为低氧区，外环还可能是缺氧区，这样的氧化沟可以形成生物脱氮的环境条件。

B 奥贝尔（Orbal）氧化沟

Orbal 氧化沟一般由 3 个同心椭圆形沟道组成，由外向内依次为第一沟、第二沟、第三沟（见图 3-27）。污水从第一沟进入，通过水下输入口连续地从一条

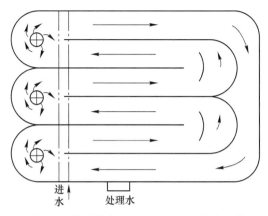

图 3-26 卡罗塞尔（Carrousel）氧化沟工艺

沟进入下一条沟，每一条沟都是一个闭路连续循环的反应器，每个沟中的水流在排出之前，污水及污泥在沟内进行数百圈的循环后再流入下一沟。最后，污水由第三沟流入二沉池进行固液分离，回流污泥由二沉池回流至第一沟。Orbal 氧化沟总能耗较低，出水水质好且稳定，能较好地避免二沉池污泥流失，并有利于有机物的去除，减少污泥膨胀现象发生。

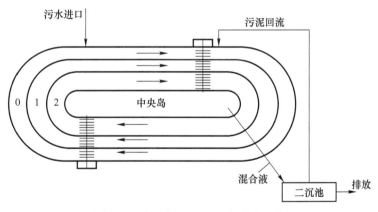

图 3-27 奥贝尔（Orbal）氧化沟工艺

C 交替工作式氧化沟

交替工作式氧化沟由丹麦鲁格公司研制，该工艺造价低，易于维护，通常有双沟交替和三沟交替的氧化沟。

双沟交替氧化沟两池体积相同，水流相通，以保证两池的水深相等，不设二沉池（见图 3-28）。通过曝气转刷的旋转方向来使两部分交替作为曝气区和沉淀区。处理过程中，进水和出水都是连续的，但曝气转刷的工作则是间歇的，其在单个工作周期的利用率仅为 40%左右。目前双沟式氧化沟虽然得到广泛应用，但其设备利用率差的缺点制约了它的发展。

三沟型氧化沟是以 3 条相互联系的氧化沟作为一个整体，每条沟都装有用于曝气和推动循环的转刷。在三沟式氧化沟运行时，污水由进水配水井进行 3 条沟的进水配水切换，进水在氧化沟内，根据已设定的程序进行工艺反应。常用的布置形式是 3 条沟并排布置，利用沟壁上的连通孔相互连接（见图 3-28）。

交替工作式氧化沟不需设二沉池、污泥回流和混合液回流系统，提高了转刷表面曝气机的利用率（达到 58%），而且具有良好的 BOD 去除效果和脱氮能力。

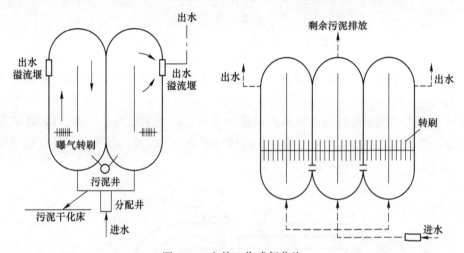

图 3-28 交替工作式氧化沟

D 一体化氧化沟工艺

一体化氧化沟集曝气、沉淀、泥水分离和污泥回流为一体，无须单独建造二沉池。此工艺将曝气净化与固液分离操作放在同一个构筑物中完成，使污泥自动回流，连续运行，设备和池容利用率达到 100%。根据沉淀器置于氧化沟的部位进行区分，一体化氧化沟可分为三类：沟内式、侧沟式和中心岛式。一体化氧化沟具有以下主要工艺特点：（1）工艺流程短，构筑物和设备少，污泥自动回流，投资省、能耗低、占地少、管理便捷；（2）处理效果稳定可靠，硝化和脱氮作用明显；（3）剩余污泥量少且不需消化，性质稳定，易脱水；（4）造价低，运行管理费用少；（5）固液分离效率高且池容小，能使整个系统在较大流量和浓度范围内稳定运行；（6）污泥及时回流，减少了污泥膨胀发生的可能性。

3.6.5.3 氧化沟的工艺设计参数

氧化沟的工艺设计参数见表 3-26。

表 3-26 氧化沟工艺设计参数

名　　称		数　　值
BOD_5 污泥负荷 N_s/ kg·(kg·d)$^{-1}$		0.03~0.15
水力停留时间 T/h		10~48
污泥龄 θ_c/d		去除 BOD_5 时, 5~8; 去除 BOD_5 并硝化时, 10~20; 去除 BOD_5 并反硝化时, 30
污泥回流比 R/%		50~200
污泥浓度 X/mg·L^{-1}		2000~6000
BOD_5 容积负荷/kg·(m^3·d)$^{-1}$		0.2~0.4
出水水质/mg·L^{-1}	BOD_5	10~15
	SS	10~20
	MH_3-N	1~3
必要需氧量/kg·kg^{-1}		1.4~2.2

3.6.5.4 氧化沟计算公式

氧化沟工艺计算公式见表 3-27。

表 3-27 氧化沟工艺计算公式

名称	公　式	符号说明
碳氧化氮硝化容积（好氧区容积）	$$V_1 = \frac{YQ(L_0 - L_e)\theta_c}{X(1 + K_d\theta_c)}$$ $$= \frac{YQL_r\theta_c}{X(1 + K_d\theta_c)}$$ 或 $$V_1 = \frac{Q(L_0 - L_e)}{N_s X}$$	V_1——碳氧化氮硝化容积, m^3; Q——污水设计流量, m^3/d; X——污泥浓度, kg/m^3; L_0, L_e——进、出水 BOD_5 浓度, mg/L; $L_r = L_0 - L_e$, 去除的 BOD_5 浓度, mg/L; θ_c——污泥龄, d; Y——污泥净产率系数, kg/kg; K_d——污泥自身氧化率, d^{-1}, 对于城市污水, 一般为 0.05~0.1 d^{-1}; N_s——污泥负荷率, kg/(kg·d)
污泥龄确定	$$\theta_c = \frac{X}{YL_r} = \frac{0.77}{K_d f_b}$$	f_b——可生物降解的 VSS 占总 VSS 的比例

名称	公　式	符号说明
Y 与污泥龄的关系		
最大需氧量	$O_2 = a'QL_r + b'N_r - b'N_D - c'X_w$	O_2——需氧量，kg/d； $a' = 1.47$，$b' = 4.6$，$c' = 1.42$； N_r——氨氧的去除量，kg/m³； N_D——硝态氮去除量，kg/m³； X_w——剩余活性污泥量，kg/d
剩余活性污泥量	$X_w = \dfrac{Q_平 L_r}{1 + K_d \theta_c}$	$Q_平$——污水平均日流量，m³/d
水力停留时间	$t = \dfrac{24V}{Q}$	V——氧化沟容积，m³； t——水力停留时间，h
污泥回流比	$R = \dfrac{X}{X_R - X} \times 100\%$	R——污泥回流比，%； X_R——二沉池污泥浓度，mg/L
污泥负荷	$N_s = \dfrac{Q(L_0 - L_e)}{VX_v}$	N_s——污泥负荷率，kg/(kg·d)； X_v——MLVSS 浓度，mg/L
反硝化区脱氮量	$W = Q_平 N_{L_r} - 0.124 Q_平 L_r$ $\quad = Q_平(N_0 - N_e) - 0.124 Y Q_平 L_r$	W——反硝化区脱氮量，kg/d； N_{L_r}——去除的总氮浓度，mg/L； N_0——进水总氮浓度，mg/L； N_e——出水总氮浓度，mg/L
反硝化区所需污泥量	$G = \dfrac{W}{V_{DN}}$	G——反硝化区所需污泥量，kg； V_{DN}——反硝化速率，kg/(kg·d)
反硝化区容积	$V_2 = \dfrac{G}{X}$	V_2——反硝化区容积，m³
氧化沟体积	$V = \dfrac{V_1 + V_2}{K}$	K——具有活性作用的污泥占总污泥量的比例，$K = 0.55$

3.6.6 生物滤池

生物膜工艺在废水处理中的应用具有悠久的历史。早在 1914 年，活性污泥法发明之前，生物膜法就已经应用于污水处理中。该工艺一直受到各国研究者的重视。通过不断研究，该工艺由低负荷生物滤池、高负荷生物滤池、塔式生物滤池（第一代生物膜工艺）等逐渐发展到生物接触氧化法、淹没式生物滤池、生物流化床（第二代生物膜工艺）等各种工艺。生物滤池是以土壤自净原理为依据，在污水灌溉的实践基础上，经较原始的间歇砂滤池和接触滤池而发展起来的人工生物处理技术，图 3-29 为生物滤池实物图。

图 3-29　回转式布水生物滤池

3.6.6.1　生物滤池构造

图 3-30 为典型的生物滤池剖面图，其构造主要由滤床、布水装置和排水系统几部分组成。

A　滤床

滤床由滤料组成。早期滤料主要以碎石为主，其直径在 3~8cm，空隙率在 45%~50%，比表面积（可附着面积）在 65~100m²/m³。目前国内采用的玻璃钢蜂窝状块状滤料，孔心间距在 20mm 左右，孔隙率在 95% 左右，比表面积在 200m²/m³ 左右。图 3-31 为玻璃钢蜂窝状块状滤料。

滤床高度同滤料的密度有密切关系。石质滤料组成的滤床高度一般在 1~2.5m。一方面是由于孔隙率低，滤床过高会影响通风；另一方面由于太重，过高会影响排水系统和滤池基础结构。塑料滤料每立方米质量仅为 100kg，孔隙率高达 93%~95%，滤床高度不但可以提高，而且可以采用双层或多层构造。国外一般采用双层滤床，高 7m 左右；国内常采用多层的"塔式"结构，高度在 10m 以上。滤床四周一般设池壁，池壁起围护滤料、减少污水飞溅的作用。常用砖、石或混凝土块砌筑。

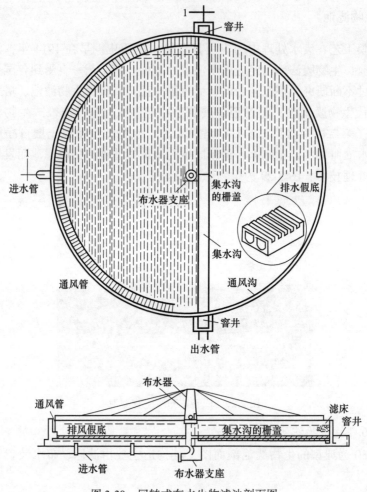

图 3-30　回转式布水生物滤池剖面图

B　布水设备

布水设备是为了使污水能均匀地分布在整个滤床表面上，生物滤池的布水设备分为两类：移动式（常用回转式）布水器（见图 3-32），固定式喷嘴布水系统（见图 3-33）。旋转布水器的中央是一根空心的立柱，底端与设在池底下面的进水管衔接。其所需水头在 0.6～1.5m。固定式布水系统是由虹吸装置、馈水池、布水管道和喷嘴组成。这类布水系统需要较大的水头，在 2m 左右。

C　排水系统

排水系统主要为了收集滤床流出的污水与脱落的生物膜、保证通风及支撑滤料，由池底、排水假底、集水沟组成。排水假底是用特制砌块或栅板铺成，滤料堆在假底上面。假底的空隙所占面积不宜小于滤池平面的 5%～8%，与池底的距

图 3-31 玻璃钢蜂窝状块状滤料

图 3-32 旋转布水器

离不应小于 0.6m。池底除支撑滤料外，还要排泄滤床上的来水，池底中心轴线上设有集水沟，两侧底面向集水沟倾斜，池底和集水沟的坡度在 1%~2%。集水沟要有充分的高度，并在任何时候不会满流，确保空气能在水面上畅通无阻，使滤池中的孔隙充满空气。

3.6.6.2 生物滤池法的工艺流程

A 生物滤池法的基本流程

生物滤池基本流程（见图 3-34）是由初次沉淀池、生物滤池、二次沉淀池组成。一般在生物滤池前设初沉池，但也可依据实际水质选择其他预处理工艺。

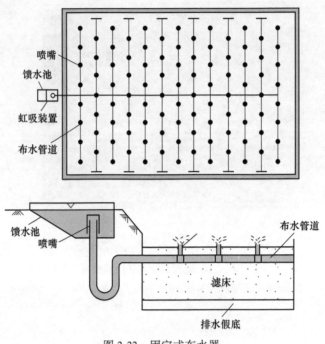

图 3-33　固定式布水器

进入生物滤池的污水必须经过预处理，除去悬浮物、油脂等会堵塞滤料的物质。生物滤池后设二沉池，截留脱落的生物膜，提高出水水质。

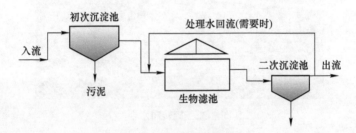

图 3-34　普通生物滤池

B　高负荷生物滤池

早期生物滤池称为普通生物滤池，又称低负荷生物滤池。其优点是处理效果较好，BOD_5 的去除率可达 90% 以上，出水 BOD_5 可下降到 25mg/L 以下，硝酸盐含量在 10mg/L 左右，出水水质稳定。但其占地大，滤池苍蝇多，环境卫生差，易堵塞。

由于普通生物滤池的缺点，后将其改进为高负荷生物滤池，采用回流式，进水浓度限为 200mg/L。改进后的高负荷生物滤池负荷率提高，水流量和水流冲刷力加大，刺激膜的脱落和再生，抑制了厌氧层的发育，提高了活性，解决了普通生物滤池的问题。回流式生物滤池和塔式生物滤池就属于这种类型。

图 3-35 为交替式二级高负荷生物滤池法流程，运行时，滤池是串联工作的，污水在初沉池沉淀后进入一级生物滤池，出水经相应的中间沉淀池去除残膜后用泵送入二级生物滤池，二级生物滤池的出水经过沉淀后排出污水厂。工作一段时间后，一级生物滤池因表面生物膜累积，即将出现堵塞，改作二级生物滤池，而原来的二级生物滤池则改作一级生物滤池。交替式二级生物滤池法比并联流程负荷率可提高两三倍。

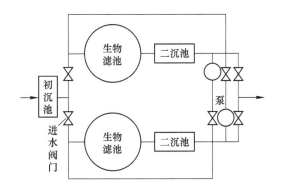

图 3-35　交替式二级高负荷生物滤池法流程

图 3-36 与图 3-37 分别为单级高负荷生物滤池法流程与回流式二级生物滤池法流程，它们在相同进水条件下，处理效率有所不同。生物滤池的一个最主要的特点就是运行简单。所以，其适合小城镇和边远山区的污水处理。

C　塔式生物滤池（见图 3-38）

塔式生物滤池为 20 世纪 50 年代德国一化学工程师首创，其结构为平面圆形，塔身沿着高度分层，每层约 2m，填料层高度在 8~12m，直径为 1~3.5m。填料层高度：直径在 1:(6~8)，其回流限制浓度在 500mg/L。

3.6.6.3　影响生物滤池性能的主要因素

生物滤池中有机物的降解存在以下几个过程：（1）有机物在污水和生物膜中的传质过程。（2）有机物的好氧和厌氧代谢过程。（3）氧在污水和生物膜中的传质过程。（4）生物膜的生长和脱落等过程。这些过程的发生和发展决定了生物滤池净化污水的性能。影响这些过程的主要因素有：滤池高度、负荷率、回流、供氧。

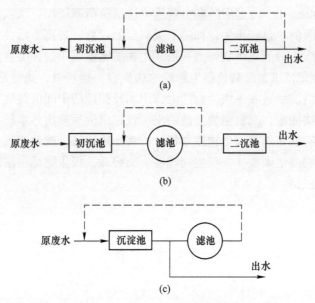

图 3-36　单级高负荷生物滤池

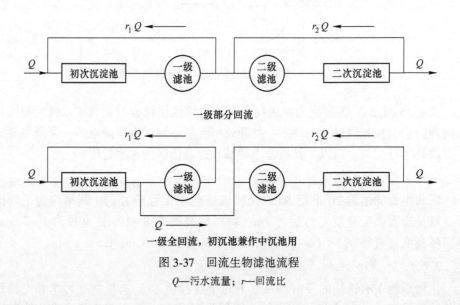

图 3-37　回流生物滤池流程
Q—污水流量；r—回流比

A　滤床的高度

考虑滤床的高度需要先了解滤床中微生物的特征。滤床上层污水中有机物浓度较高，微生物繁殖速率高，种属较低级，以细菌为主，生物膜量较多，有机物去除速率较高。随着滤床深度增加，微生物从低级趋向高级，种类逐渐增多，生物膜量从多到少，见表 3-28。

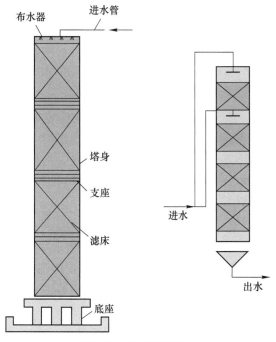

图 3-38　塔式生物滤池

表 3-28　滤床高度与处理效率间的关系和滤床不同深度处的生物膜量

离滤床表面的 深度/m	污染物去除率/%				生物膜量 /kg·m⁻³
	丙烯腈 （156mg/L）	异丙醇 （35.4mg/L）	SCN （18.0mg/L）	COD （955mg/L）	
2	82.6	31	6	60	3.0
5	99.2	60	10	66	1.1
8.5	99.3	70	24	73	0.8
12	99.4	91	46	79	0.7

　　表 3-28 说明：尽管生物滤池的处理效率在一定条件下是随滤床高度的增加而增加的，但在滤床高度超过一定数值后，处理效率的提高是微不足道的，也是不经济的，较合适的滤床高度是 2m 左右。滤床不同深度处微生物量不同，研究发现种群也不同，反映了滤床高度对处理效率的影响同污水水质有关。

　　B　负荷

　　生物滤池的负荷率有三种表达形式，分别是水力负荷率 N_q，有机容积负荷率 N_v，面积负荷率 N_A。

水力负荷率 N_q：指每平方米滤料每天接纳的废水量，单位：$m^3/(m^2$（滤料）$\cdot d)$，又称滤率（m/d），其值一般为：$10\sim30$，塔式：$80\sim200$。$N_q=Q/A$ 或 $N_q=(Q+Q_r)/A$。

有机容积负荷率 N_v：指单位容积滤料每天接纳的 BOD 量，单位：$kg/(m^3$（滤料）$\cdot d)$，其值一般为：$N_v\leqslant1.2$，塔式：$1\sim3$。$N_v=QS_0/V$ 或 $N_v=(Q+Q_r)S_a/V$。

面积负荷率 N_A：指每平方米滤料每天接纳的 BOD_5 量，单位：$kg/(m^2\cdot d)$。其值一般介于 $1.1\sim2$。$N_A=QS_0/A$ 或 $N_A=(Q+Q_r)S_a/A$。

生物滤池的负荷是一个集中反映生物滤池工作性能的参数，同滤床的高度一样，负荷直接影响生物滤池的工作。

C 回流

利用污水厂的出水或生物滤池出水稀释进水的做法称为回流，回流水量与进水量之比叫回流比。回流对生物滤池性能的影响主要体现在以下几个方面：

（1）回流可提高生物滤池的滤率，它是使生物滤池负荷率由低变高的方法之一；

（2）提高滤率有利于防止产生灰蝇和减少恶臭；

（3）当进水缺氧、腐化、缺少营养元素或含有害物质时，回流可改善进水的腐化状况、提供营养元素和降低毒物质浓度；

（4）进水的质和量有波动时，回流有调节和稳定进水的作用。

D 供养

生物滤池中，微生物所需的氧一般直接来自大气，靠自然通风供给。影响生物滤池通风的主要因素是滤床自然拔风和风速。自然拔风的推动力是池内温度与气温之差以及滤池的高度。温度差越大，通风条件越好；当水温较低，滤池内的温度低于气温时（夏季），池内气流向下流动；当水温较高，池内温度高于气温时（冬季），气流向上流动；若池内外无温度差，则停止通风；正常运行的生物滤池，自然通风可以提供生物降解所需的氧量，自然通风不能满足时，应考虑强制通风。

3.6.6.4 生物滤池系统的功能设计

生物滤池的设计一般包括：（1）滤池类型和流程选择。（2）滤池个数和滤床尺寸的确定。（3）二次沉淀池的形式。（4）个数和工艺尺寸的确定。

A 滤池类型的选择

低负荷生物滤池现在已经基本上不常用，仅在污水量小、地区比较偏僻、石料不贵的场合尚有可能使用。目前大多采用高负荷生物滤池，主要为回流式与塔式（多层式）。滤池类型的选择，只有通过方案的比较，才能得出合理的结论。

占地面积，基建费用和运行费用的比较，常起关键作用。

B　流程的选择

是否设初次沉淀池、采用几级滤池、是否采用回流，回流方式和回流比的确定是确定流程时首先需要解决的问题。当废水含悬浮物较多，采用拳状滤料时，须有初次沉淀池，以避免生物滤池阻塞。处理城市污水时，一般都设置初次沉淀池。下述三种情况应考虑用二次沉淀池出水回流：入流有机物浓度较高，可能引起供氧不足时；水量很小，水力负荷率在最小经验值以下时；污水中某种污染物浓度高时，可能抑制微生物生长的情况下。

C　生物滤池的计算

回流式高负荷生物滤池工艺流程如图 3-39 所示。

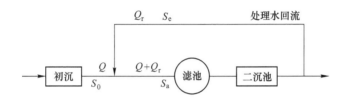

图 3-39　回流式高负荷生物滤池工艺流程

（1）滤床总体积（V）。

$$V = \frac{S_0 Q}{N_v} \times 10^{-3} \quad （无回流）$$

$$N_v = \frac{S_a(Q + Q_r)}{V} \times 10^{-3} \Longrightarrow V = \frac{S_a(Q + Q_r)}{N_v} \quad （有回流）$$

式中　V——滤床总体积，m^3；

$\quad\quad S_a$——污水进入滤池前的 BOD_5 平均值，mg/L；

$\quad\quad Q$——污水日平均流量，m^3/d，采用回流式生物滤池时，此项应为 $Q(1+R)$，回流比 R 可根据经验确定；

$\quad\quad N_v$——容积负荷率，$kg/(m^3 \cdot d)$。

计算滤床总体积（V）时，应注意下述问题：

计算时采用的负荷率应与设计处理的效率相应。通常，负荷率是影响处理效果的主要因素，两者常相提并论。影响处理效果的因素很多，除负荷率之外，主要的还有污水的浓度、水质、温度、滤料特性和滤床的高度。对于回流滤池，则还有回流比。没有经验可以援用的工业废水，应经过试验确定其设计的负荷率。试验性生物滤池的滤料和滤床高度应与设计相一致。

（2）滤床总面积（A）。

$$A = \frac{Q(1 + R)}{N_q} \quad （水力负荷）$$

$$A = \frac{S_a Q(1 + R)}{N_A} \quad （面积负荷）$$

式中　A——滤床总面积，m^2；

　　　S_a——污水进入滤池前的 BOD_5 平均值，mg/L；

　　　Q——污水日平均流量，m^3/d；

　　　N_A——面积负荷率，$kg/(m^2 \cdot d)$；

　　　N_q——水力负荷率，$m^3/(m^2 \cdot d)$。

（3）回流比（R）。

根据流程图：

$$QS_0 + Q_r S_e = (Q + Q_r)S_a$$

整理得：

$$R = \frac{S_0 - S_a}{S_a - S_e}$$

式中　S_a——回流稀释后的废水浓度，mg/L；

　　　Q_r——回流水量，m^3/d。

（4）滤床高度的确定。

常根据计算结合经验确定，多数滤床厚度为 2m。在滤床的总体积和高度确定后，滤床的总面积可以算出。一般情况下，应采用两个以上滤池。目前生物滤池的最大直径为 60m，通常是在 35m 以下。最后应该核算滤率，看它是否合理。回流生物滤池池深较浅时，滤率一般不超过 30m/d，其滤率的确定与进水 BOD_5 有关，见表 3-29。

表 3-29　进水与滤率的关系

进水 $BOD_5/mg \cdot L^{-1}$	120	150	200
滤率/$m^3 \cdot m^{-2} \cdot d^{-1}$	25	20	15

例 3-8　已知某城镇人口 4 万，排水量定额为 100L/（人·d），BOD_5 为 20g/（人·d）。设有一座工厂，污水量为 2000m^3/d，其 BOD_5 为 600mg/L。拟混合采用回流式生物滤池进行处理，处理后出水的 BOD_5 要求达到 30mg/L。

解：基本设计参数计算（设在此不考虑初次沉淀池的计算）：

生活污水和工业废水总水量（m^3/d）：

$$Q = \frac{40000 \times 100}{1000} + 2000 = 6000 m^3/d$$

生活污水和工业废水混合后的 BOD_5 浓度（mg/L）：

$$S_0 = \frac{2000 \times 600 + 40000 \times 20}{6000} = 333mg/L$$

由于生活污水和工业废水混合后 BOD_5 浓度较高，应考虑回流，设回流稀释后滤池进水 BOD_5 为 200mg/L，回流比为：

$$333Q + 30Q_r = 200(Q + Q_r)$$

$$R = \frac{Q_r}{Q} = \frac{333 - 200}{200 - 30} = 0.78$$

生物滤池的个数和滤床尺寸计算。

设生物滤池的容积负荷率采用 $1.2kg/(m^3 \cdot d)$，于是生物滤池总体积（m^3）为：

$$V = \frac{Q(1 + R)S_a}{1000N_v} = \frac{6000 \times (1 + 0.78) \times 200}{1000 \times 1.2} = 1780m^3$$

池深为 2.0m，则滤池总面积为：

$$A = \frac{1780}{2.0} = 890m^2$$

若采用 4 个滤池，每个滤池面积：

$$A_1 = \frac{890}{4} = 223m^2$$

滤池直径为：

$$D = \sqrt{\frac{4A_1}{\pi}} = \sqrt{\frac{4 \times 223}{3.14}} \approx 17m$$

$$滤率 = \frac{Q(1 + R)}{A} = \frac{6000 \times (1 + 0.78)}{890} = 12m/d$$

满足要求。

经过计算，采用 4 个直径 17m、高 2.0m 的高负荷生物滤池。

3.6.7 生物转盘法

生物转盘是 20 世纪 60 年代由联邦德国开创，是在生物滤池的基础上发展起来的，也称为浸没式生物滤池。该工艺具有系统设计灵活、安装便捷、操作简单、系统可靠、操作和运行费用低等优点；不需要曝气，也无须污泥回流，节约能源，同时在较短的接触时间就可得到较高的净化效果，现已广泛应用于各种生活污水和工业污水的处理。其净化有机物的机理与生物滤池基本相同，但构造形式却与生物滤池不同。

转盘上生长的微生物量很大，处理城市污水时，单位面积转盘上的微生物量最高可达 5mg/cm²，折算成氧化槽（废水槽）混合液浓度大体为 10000 ~ 20000mg/L。所以 BOD₅ 负荷可达 10~20g/(m²（盘面）·d)，转盘水槽容积负荷达 1.5~3.0kg/(m³·d)，高出活性污泥法一倍多。另外，由于微生物浓度高，所以 F/M 值低，一般在 0.002~0.5。微生物基本处于内源呼吸期，脱落污泥量少。

生物转盘对冲击负荷的适应力也强。可适应 pH 在 4.8~9.5 范围内的变化，但若 pH 急剧变化，则会破坏转盘的工作。温度在 13~23℃ 范围内时，对处理效果影响不大；在此温度范围之外，若按正常条件设计，则盘片面积应乘以温度校正系数 f。

此外，生物转盘还有工作可靠、不易堵塞、污泥不易膨胀、氧利用率高等特点，适于处理流量小的工业废水。

3.6.7.1　生物转盘的构造

生物转盘（见图 3-40）是由水槽和部分浸没于污水中的旋转盘体组成的生物处理构筑物，主要包括旋转圆盘（盘体）、接触反应槽、转轴及驱动装置等，必要时还可在氧化槽上方设置保护罩起遮风挡雨及保温作用。

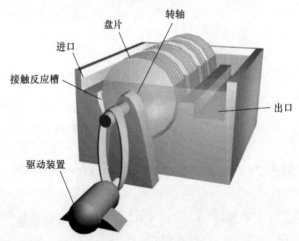

图 3-40　生物装盘图

盘体是由装在水平轴上的一系列间距很近的圆盘所组成的，其中一部分浸没在氧化槽的污水中，另一部分暴露在空气中。作为生物载体填料，转盘的形状有平板、凹凸板、波纹板、蜂窝、网状板或组合板等，组成的转盘外缘形状有网形、多角形和圆筒形。

盘片串联成组，固定在转轴上并随转轴旋转，对盘片材质的要求是质轻高强，耐腐蚀，易于加工，价格低廉。盘片的直径一般为 2~3m，盘片厚度 1~15mm。常用的转盘材质有聚丙烯、聚乙烯、聚氯乙烯、聚苯乙烯和不饱和树脂玻璃钢等。转盘的盘片间必须有一定的间距,以保证转盘中心部位的通气效果,标准盘间距为30mm,若为多级转盘,则进水端盘片间距25~35mm,出水端一般为10~20mm,具体可根据工艺需要进行调节。

氧化槽一般做成与盘体外形基本吻合的半圆形,槽底设有排泥和放空管与闸门,槽的两侧设有进出水设备。常用进出水设备为三角堰。对于多级转盘,氧化槽分为若干格,格与格之间设有导流槽。大型氧化槽一般用钢筋混凝土制成,中小型氧化槽多用钢板焊制。

转动轴是支撑盘体并带动其旋转的重要部件,转动轴两端固定安装在氧化槽两端的支座上。一般采用实心钢轴或无缝钢管,其长度应控制在0.5~7.0m。转动轴不能太长,否则往往由于同心度加工不良,容易扭曲变形,发生磨断或扭断。

转轴中心应高出槽内水面至少150mm,转盘面积的20%~40%左右浸没在槽内的污水中。在电动机驱动下,经减速传动装置带动转轴进行缓慢的旋转,转速一般为0.8~3.0r/min。

驱动装置包括动力设备和减速装置两部分。动力设备分电力机械传动、空气传动和水力传动等,国内多采用电力机械传动或空气传动。电力机械传动以电动机为动力,用链条传动或直接传动。对于大型转盘,一般一台转盘设一套驱动装置;对于中、小型转盘,可由一套驱动装置带动一组(3~4级)转盘工作。空气传动兼有充氧作用,动力消耗较省。

3.6.7.2 生物转盘的净化原理

生物转盘的主体是垂直固定在水平轴上的一组圆形盘片和一个同它配合的半圆形水槽。微生物生长并形成一层生物膜附着在盘片表面,约40%~50%的盘面(转轴以下的部分)浸没在废水中,上半部敞露在大气中。工作时,废水流过水槽,电动机转动转盘,生物膜和大气与废水轮替接触,浸没时吸附废水中的有机物,敞露时吸收大气中的氧气。转盘的转动,带进空气,并引起水槽内废水紊动,使溶解氧均匀分布。生物膜的厚度约为0.5~2.0mm,随着膜的增厚,内层的微生物呈厌氧状态,失去活性时使生物膜脱落,并随同出水流至二次沉淀池,如图3-41所示。

3.6.7.3 生物转盘的流程

生物转盘基本流程如图3-42所示,实践证明,处理同一种污水,若盘片面积不变,将盘片分为多级串联运行能显著提高处理水质。根据转盘和盘片的布置形式,生物装盘分为单轴单级式、单轴多级式和多轴多级式(见图3-43),实际的选择取决于污水的水量、水质、处理程度等条件。

3.6.7.4 生物转盘设计与计算

进行生物转盘的计算与设计,应比较充分地掌握污水水质、水量方面的资料

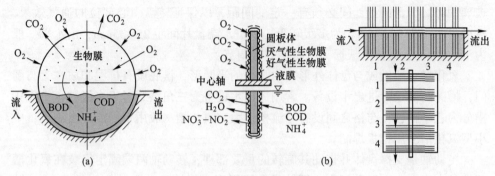

图 3-41 生物转盘机理图

(a) 侧面; (b) 断面

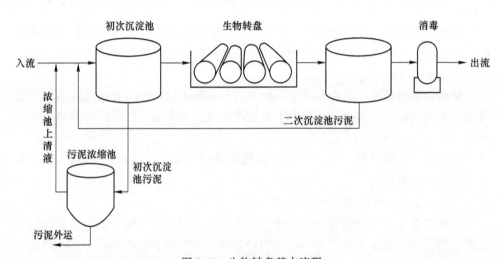

图 3-42 生物转盘基本流程

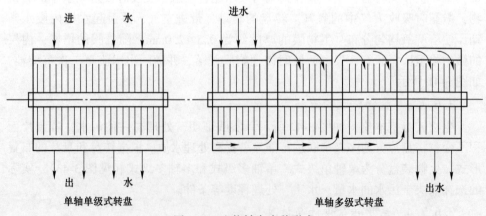

单轴单级式转盘

单轴多级式转盘

图 3-43 生物转盘多种形式

作为原始数据。此外，还应合理地确定转盘在其结构和运行方面的一些参数和技术条件，如：盘片形状、直径、间距、浸没率、盘片材质；转盘的级数、转速；接触反应槽的形状、所用材料以及水流方向等。

A 转盘总面积（A，单位为 m^2）

$$A = \frac{QS_0}{L_A}$$

式中　Q——处理水量，m^3/d；

　　　S_0——进水 BOD_5，mg/L；

　　　L_A——生物转盘的 BOD_5 面积负荷，$g/(m^2 \cdot d)$。

B 转盘片数（m）

$$m = \frac{4A}{2\pi D^2} = 0.64\frac{A}{D^2}$$

式中　D——转盘直径，m。

C 污水处理槽有效长度（L）

$$L = m(a + b)K$$

式中　a——盘片净间距，一般进水端为 $25 \sim 35mm$，出水端为 $10 \sim 20mm$；

　　　b——盘片厚度，视材料强度确定；

　　　m——盘片数；

　　　K——系数，一般取 1.2。

D 废水处理槽有效容积（V）：

$$V = (0.294 \sim 0.335)(D + 2\delta)^2 \cdot L$$

净有效容积（V_1）

$$V_1 = (0.294 \sim 0.335)(D + 2\delta)^2 \cdot (L - mb)$$

当 $r/D = 0.1$ 时，系数取 0.294；$r/D = 0.06$ 时，系数取 0.335。

式中　r——中心轴与槽内水面的距离，m；

　　　δ——盘片边缘与处理槽内壁的间距，m，不小于 $150mm$，一般取 $\delta = 200 \sim 400mm$。

E 转盘的转速（n_0，单位为 r/min）：

$$n_0 = \frac{6.37}{D}\left(0.9 - \frac{V_1}{Q_1}\right)$$

式中　Q_1——每个处理槽的设计水量，m^3/d；

　　　V_1——每个处理槽的容积，m^3。

3.6.8 生物接触氧化法

生物接触氧化法是在生物滤池的基础上，通过接触曝气形式改良、演变出的一种生物膜处理技术。它具备生物膜法的基本特点，既可利用附着在填料表面上的微生物群体对水中的污染物进行吸附、氧化，以达到去除污染物的目的，又与其他生物膜法有所区别：

（1）反应器内的填料全部浸没在废水中，以供微生物栖息生长，故又称淹没滤床反应器；

（2）供氧方式与强度不同，采用机械设备向废水中充氧，不同于生物滤池靠自然通风供氧，氧气的传质速率高，提高生物降解效率。

此工艺的优点为：

（1）比表面积大。生物接触氧化法由于有填料作为载体，且所投填料比表面积比一般生物膜法大，可形成稳定性好的高密度生态体系，挂膜周期相对缩短，在处理相同水量的情况下，水力停留时间短，所需设备体积小，场所占地面积小。

（2）生物接触氧化法具有污泥浓度高、泥龄长的特点。对于一些较难降解的有机物具有较强的分解能力，系统耐冲击负荷强，高效率。有关报道表明，在一般条件下生物接触氧化法的体积负荷可达 $3\sim10\mathrm{kg/(m^3 \cdot d)}$，是普通活性污泥法的 $3\sim5$ 倍，COD 去除率是传统生物法的 $2\sim3$ 倍。

（3）相对普通活性污泥法来说，由于生物接触氧化法的污泥产量少，在操作过程中一般不会发生污泥膨胀，也无需频繁调整回流污泥量及 D_0 值。

（4）具有设备简单、操作容易、维修方便、运行费用低、综合能耗低等优点。

3.6.8.1 生物接触氧化法构造

接触氧化池（见图 3-44）的主要部分由池底、填料和布水布气装置组成。池底用于设置填料、布水布气装置和支撑填料的栅板和格栅。填料一般要求：比表面积大、空隙率大、水力阻力小、强度大、化学和生物稳定性好、经久耐用。布气管可布置在池子中心、侧面和全池。

3.6.8.2 生物接触氧化法的基本流程

如图 3-45 所示，为生物接触氧化法的基本流程，依据进水水质和处理程度可设多级接触氧化池串联运行，必要时中间可设中间沉淀池。第一级接触氧化池内的微生物处于对数增期和减速增长期的前段，生物膜增长较快，有机负荷较高，有机物降解速率也较大；后续的接触氧化池内微生物处在生长曲线的减速增长期后段或生物膜稳定期，生物膜增长缓慢，处理水质逐步提高。

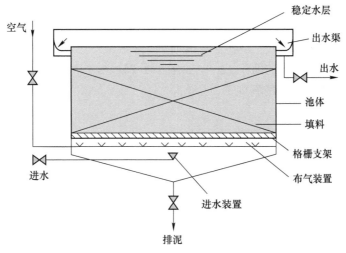

图 3-44 接触氧化池剖面图

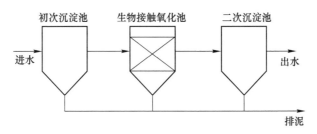

图 3-45 生物接触氧化法的基本流程

3.6.8.3 生物接触氧化池的设计计算

生物接触氧化池工艺设计的主要内容是计算填料的有效容积和池子的尺寸，计算空气量和空气管道系统。

A 生物接触氧化池的有效容积（即填料体积）V

$$V = \frac{Q(S_0 - S_e)}{N_v}$$

式中 Q——平均日设计污水量，m^3/d；

S_0，S_e——分别为进水与出水的 BOD_5，mg/L；

N_v——有机容积负荷率，$kg/(m^3 \cdot d)$（城市污水碳化阶段取 $2.0 \sim 5.0$；碳化/硝化阶段取 $0.2 \sim 2.0$）。

B 生物接触氧化池的总面积 A 和池数 N

$$A = \frac{V}{h_0}$$

$$N = \frac{A}{A_1}$$

式中　h_0——填料高度，一般采用3.0m；

　　　A_1——每座池子的面积，m^2，一般小于$25m^2$；

　　　N——池数（一般不少于2个）。

C　池深 h

$$h = h_0 + h_1 + h_2 + h_3$$

式中　h_0——填料层高度，m；

　　　h_1——超高，0.5~0.6m；

　　　h_2——填料层上水深，0.4~0.5m；

　　　h_3——填料至池底的高度，0.5~1.5m。

D　有效停留时间 t

$$t = \frac{V}{Q}$$

3.6.8.4　空气量 D 和空气管道系统计算

$$D = D_0 \cdot Q$$

式中　D_0——$1m^3$污水所需气量，m^3/m^3，一般为15~$20m^3/m^3$。

3.6.9　曝气生物滤池

　　曝气生物滤池简称BAF，是20世纪80年代末在欧美发展起来的一种新型生物膜法污水处理工艺。曝气生物滤池是一种膜法生物处理工艺，微生物附着在载体表面，污水在流经载体表面时，通过有机营养物质的吸附、氧向生物膜内部的扩散以及生物膜中所发生的生物氧化等作用，对污染物质进行氧化分解，使污水得以净化。

　　其原理为在滤池中装填一定量粒径较小的颗粒状滤料，滤料表面附着生长生物膜，滤池内部曝气。污水流经时，污染物、溶解氧及其他物质首先经过液相扩散到生物膜表面及内部，利用滤料上高浓度生物膜的强氧化降解能力对污水进行快速净化，此为生物氧化降解过程；同时，因污水流经时，滤料呈压实状态，利用滤料粒径较小的特点及生物膜的生物絮凝作用，截留污水中的大量悬浮物，且保证脱落的生物膜不会随水漂出，此为截留作用；运行一定时间后，因水头损失的增加，需对滤池进行反冲洗，以释放截留的悬浮物并更新生物膜，此为反冲洗过程。

　　该工艺具有去除SS、COD、BOD、硝化、脱氮、除磷、去除AOX（有害物质）的作用。曝气生物滤池集生物氧化和截留悬浮固体于一体，与普通活性污泥法相比，具有有机负荷高、占地面积小（是普通活性污泥法的 1/3）、投资少（节约 30%）、不会产生污泥膨胀、氧传输效率高、出水水质好、运行能耗低、运行费用少等优点，但它对进水 SS 要求较严（一般要求 SS≤100mg/L，最好 SS≤60mg/L），因此对进水需要进行预处理。同时，它的反冲洗水量、水头损失都较大。

3.6.9.1 曝气生物滤池的构造

曝气生物滤池的构造（见图 3-46）与污水三级处理的滤池基本相同，只是滤料不同，一般采用单一均粒滤料。曝气生物滤池主要由滤池池体、滤料、承托层、布水系统、布气系统、反冲洗系统、出水系统、管道和自控系统等组成。

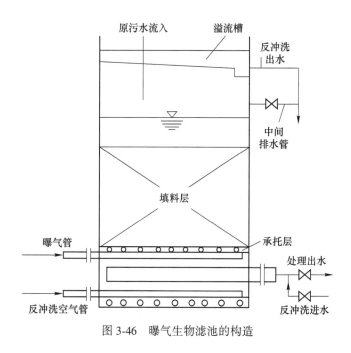

图 3-46　曝气生物滤池的构造

A　滤池池体

其作用是容纳被处理水量和围挡滤料，并承托滤料和曝气装置的重量，形状有圆形、正方形和矩形三种，结构形式有钢制设备和钢筋混凝土结构等。

B　生物填料层

填料层是生物膜的载体，并兼有截留悬浮物质的作用。目前曝气生物滤池所采用的滤料形状有蜂窝管状、束状、圆形辐射状、盾状、网状、筒状等，所采用的滤料主要有多孔陶粒、无烟煤、石英砂、膨胀页岩、轻质塑料、膨胀硅铝酸盐、塑料模块及玻璃钢等。

不同的颗粒填料的物理化学特性有一定的区别，有的甚至相差很大。生物载体填料的选择是曝气生物滤池技术成功与否的关键，它决定了曝气生物滤池滤料能否高效运行，填料的选择应综合以下各种因素：

（1）机械强度好；

（2）一般选用比表面积大、开孔孔隙率高的多孔惰性载体，有利于微生物的吸附、持续生长和形成生物膜；

（3）选择规则的球状填料，使布气、布水均匀，水流阻力小；

（4）表面应具有一定的孔隙率和粗糙度，有利于微生物膜的附着、生长，有利于生物滤池的运行；

（5）密度应在一定范围内；

（6）应具有表面电性和亲水性，并具有良好的抗反冲洗能力；

（7）生物、化学稳定性好，应具有一定化学稳定性和抗腐蚀性。

C 承托层

承托层主要是用来支撑生物填料，防止生物填料流失和堵塞滤头，同时还可以保持反冲洗的稳定进行。承托层所用材料为卵石。承托层高度不同位置为400~600mm。

D 布水系统

曝气生物滤池的布水系统主要包括滤池最下部的配水室和滤板上的配水滤头。

E 布气系统

曝气生物滤池内设置布气系统主要有两个目的：一是保证正常运行时曝气所需，二是保证进行气水反冲洗时布气所需。

曝气系统的设计，必须根据工艺计算所需供气量来进行。曝气生物滤池最简单的曝气装置可以采用穿孔管。在实际应用中，有充氧曝气与反冲洗曝气共用同一套布气管的形式，但由于充氧曝气需气量比反冲洗时需气量小，因此配气不易均匀。

F 反冲洗系统

反冲洗是保证曝气生物滤池正常运行的关键，其目的是在较短的反冲洗时间内，使滤料得到适当的清洗，恢复其截污功能。采用气水联合反冲洗的顺序通常为：先单独用气反冲洗，再用气水联合反冲洗，最后用清水反冲洗。在反冲洗过程中必须掌握好冲洗强度和冲洗时间。

G 出水系统

曝气生物滤池出水系统可采用周边出水或单侧堰出水等方式。

H　管道和自控系统

管道主要是进水出水和进气所用，自控系统由 CPU 电控箱和线路组成。

3.6.9.2　曝气生物滤池的工艺

如图 3-47 所示，曝气生物滤池一般由预处理设施、曝气生物滤池和反冲洗系统等组成，可不设二沉池。预处理一般包括沉砂池、初沉池或混凝沉淀池、隔油池等设施。其进水悬浮物浓度应控制在 60mg/L 以下，同时根据处理程度的不同，可以单级处理，也可以多级处理。而根据进水流向可分为下向流式和上向流式。

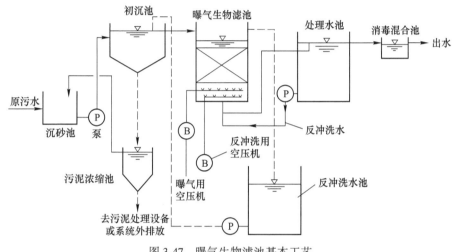

图 3-47　曝气生物滤池基本工艺

3.6.10　生物流化床

生物流化床是指为提高生物膜法的处理效率，以砂（或无烟煤、活性炭等）作填料并作为生物膜载体，废水自下向上流过砂床使载体层呈流动状态，从而在单位时间加大生物膜同废水的接触面积和充分供氧，并利用填料沸腾状态强化废水生物处理过程的构筑物。由于填料上生长的生物膜很少脱落，可省去二次沉淀池。床中混合液悬浮固体浓度达 8000～40000mg/L，氧的利用率超过 90%，根据半生产性试验结果，当空床停留时间为 16～45min 时 BOD 和氮的去除率均大于90%。生物流化床工艺效率高、占地少、投资省，在美、日等国已用于污水硝化、脱氮等深度处理和污水二级处理及其他含酚、制药等工业废水处理。

3.6.10.1　生物流化床构造

主要包括反应器、载体、布水装置、充氧装置和脱膜装置等。反应器一般呈圆柱状，高径比一般采用（3～4）∶1。载体比重略大于1，其表面需粗糙，易于微生物生长，对微生物无毒性，且载体不与废水物质反应。常用载体有：砂粒、无烟煤、焦炭、活性炭、陶粒及聚苯乙烯颗粒。

（1）布水设备。两相生物流化床（见图3-48），布水均匀十分关键，而对三相生物流化床（见图3-49），由于有气体的搅拌，布水设备不十分重要。

（2）脱膜装置。一般三相生物流化床不需设置专门的脱膜装置，而在两相生物流化床系统中常设的脱膜装置有振动筛和叶轮脱膜装置。

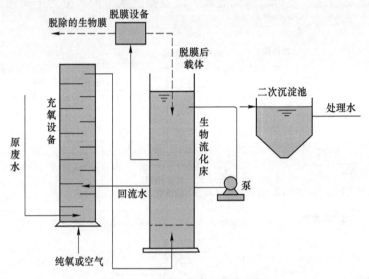

图 3-48　二相流化床工艺流程图

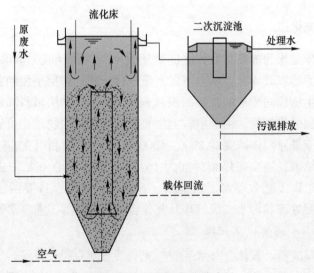

图 3-49　三相生物流化床

3.6.10.2 生物流化床优缺点

A 主要优点

滤床具有巨大的表面积,容积负荷高,抗冲击负荷能力强。生物流化床每单位体积表面积比其他生物膜大,单位床体的生物量很高（$10\sim14g/L$）,传质速度快,废水一进入床内,很快被混合稀释。

微生物活性强。对同类废水,在相同处理条件下,其生物膜的呼吸速率约为活性污泥的两倍,可见其反应速率快,微生物的活性较强。

传质效果好。由于载体颗粒在床体内处于剧烈运动状态,气-固-液界面不断更新,因此传质效果好,这有利于微生物随污染物的吸附和降解,加快了生化反应速率。

B 主要缺点

设备的磨损较固定床严重,载体颗粒在湍动过程中会被磨损变小。设计时存在着生产放大方面的难点:防堵塞、曝气方法、进水配水系统的选用、生物颗粒流失。

3.6.11 活性污泥法与生物膜法比较

3.6.11.1 原理比较

A 活性污泥法

某些微生物群体（主要是细菌）利用污水中的有机物及其他营养物质为基质进行生长繁殖,同时形成表面积较大的菌胶团来大量絮凝和吸附废水中悬浮胶体或溶解的污染物,将这些污染物同化为自身组分或完全氧化为二氧化碳和水。微生物在曝气池内以活性污泥的形式呈悬浮状态,属于悬浮生长系统。

B 生物膜法

污水和微生物在滤料表面流动,微生物在滤料表面生长繁殖,形成一层薄的生物膜。生物膜上繁殖着大量的微生物,通过其新陈代谢降解污染物。主要包括生物滤池、生物转盘、生物接触氧化池、曝气生物滤池和生物流化床。微生物生长在填料或者载体上,形成膜状活性污泥,属于附着生长系统。

3.6.11.2 典型工艺分类

典型工艺分类如图 3-50 所示。

3.6.11.3 优缺点比较

活性污泥法与生物膜法优缺点比较见表 3-30。

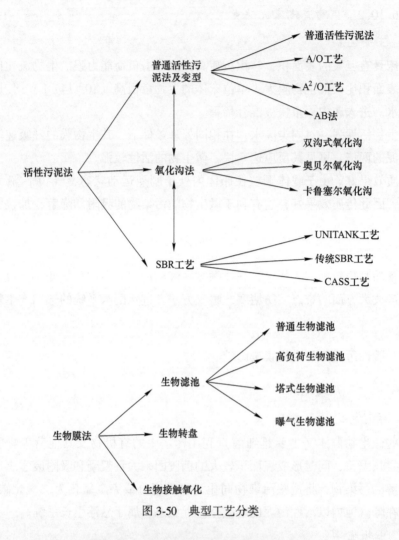

图 3-50　典型工艺分类

表 3-30　活性污泥法与生物膜法优缺点比较

优缺点	方　　法	
	活性污泥法	生　物　膜　法
优点	（1）处理能力高。 （2）出水水质好。 （3）技术成熟	（1）生物膜对污水水质、水量的变化有较强的适应性，能够处理低浓度的污水。 （2）提高脱氮能力。 （3）无须污泥回流，运行管理容易。 （4）无污泥膨胀问题，易于微生物生存，运行稳定。 （5）产生的剩余污泥少。 （6）动力费用低、节能、占地面积小

续表3-30

优缺点	方 法	
	活性污泥法	生物膜法
缺点	（1）基建费、运行费高，能耗大。 （2）对水质、水量变化适应性低，运行效果易受水质、水量变化的影响。 （3）易出现污泥膨胀现象。 （4）产生大量的剩余泥，需要进行污泥无害化处理，增加了投资	（1）需要较多的填料和支撑结构，在多数情况下基建投资超过活性污泥法。 （2）活性生物量较难控制，在运行方面灵活性差。 （3）载体材料的比表面积小，BOD容积负荷有限，在处理城市污水时处理效率比活性污泥法低。 （4）采用自然通风供氧，在生物膜内层往往形成厌氧层，从而缩小了具有净化功能的有效容积。 （5）存在反冲洗问题，操作复杂。 （6）存在滤料腐蚀、老化的问题

3.6.11.4 适用情况

适用情况如图3-51所示。

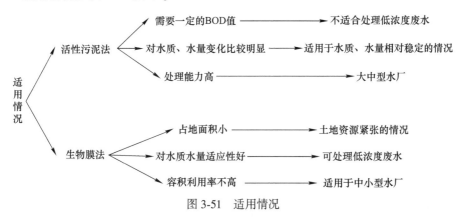

图3-51 适用情况

3.6.12 其他常用工艺

3.6.12.1 改进的 Bardenpho 工艺

Bardenpho工艺是20世纪70年代南非人开发的，兼有前缺氧和后缺氧的反硝化。后缺氧停留时间较前缺氧大致相同或略大。在后缺氧区，由曝气池出来的硝态氮一般会下降。出水TN浓度可以达到3~5mg/L，所产生的污泥沉降性能好。缺点是由于长泥龄导致除磷效果差，需要较大的池体容积。

而改进后的Bardenpho工艺（见图3-52）是由厌氧-缺氧-好养-缺氧-好氧五段组成，兼具磷的去除。首先利用外碳源进行磷的释放，该工艺具有良好的脱氮效果，因此来源于二沉池的污泥回流液中含有的硝态氮含量较低，对厌氧环境的影响较小。其后的预缺氧区接受来自好氧区的硝化回流液，利用厌氧剩下的外碳源充分进行反硝化，当然也存在反硝化除磷的现象。好氧区则进行硝化及好氧吸磷作用，微生物利用内源有机物进行反硝化，也可以使用外碳源，进而缩短反硝化的时间及反硝化池的容积。最后的好氧区停留时间较短，主要用于去除混合液中的氮气，消耗掉多余的外碳源（若投加），并增加 DO 浓度降低二沉池中磷的释放。

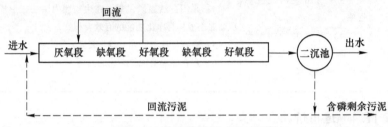

图 3-52　改进的 Bardenpho 工艺

3.6.12.2　UCT 及改良 UCT

传统的 UCT 工艺（见图 3-53）主要思路是减少回流污泥中硝酸盐对厌氧区的影响。二沉池的回流污泥和好氧池的混合液分别回流到缺氧池，硝酸盐在缺氧池中得到反硝化进而被去除；另增设了缺氧池至厌氧池的回流，有效地避免了反硝化和释磷争夺有机质而相互影响，实现了高效脱氮除磷。

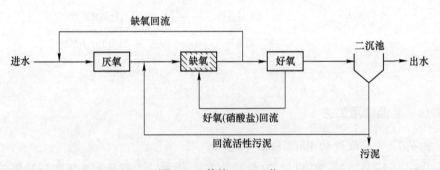

图 3-53　传统 UCT 工艺

改良后的 UCT 工艺（见图 3-54）是将污泥回流到分隔的第一缺氧区，不与混合液回流到第二缺氧区的硝酸盐混合。第一缺氧区主要是回流污泥中的硝酸盐反硝化，第二缺氧区是系统的主要反硝化区。

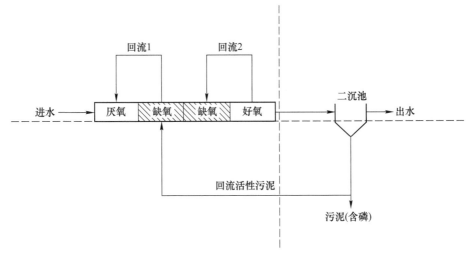

图 3-54 改进 UCT 工艺

3.6.12.3 MSBR 脱氮除磷工艺

MSBR 工艺（见图 3-55）原理是通过向反应器中投加一定数量的悬浮载体，提高反应器中的生物量及生物种类，从而提高反应器的处理效率。其池型为单池多格形式，主曝气单元在整个循环中相互替换作为序批反应器及沉淀池，从而保证系统连续进出水。同时设置低扬程跨墙回流泵，增大曝气单元中的 MLSS 浓度，降低了 SBR 单元的污泥层厚度，剩余污泥含固率高（>2%），省掉污泥浓缩处理单元，同时降低能耗。主曝气单元之前增加了缺氧单元，反硝化作用更高，能耗更低、污泥产量更少。SBR 的单元由底部进水，污水通过高浓度污泥层进行反硝化作用及内源呼吸，污泥性能更稳定，污泥层兼起接触过滤作用、出水水质更好。其还具有完全自动化控制、不需加药可达到较好的脱氮除磷效果、占地面积少和运行成本低的优点。

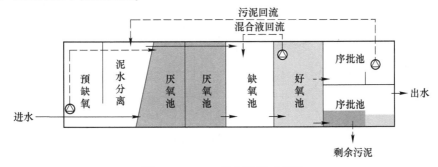

图 3-55 MSBR 脱氮除磷工艺图

3.6.12.4 Unitank 工艺

Unitank 工艺（见图 3-56）为比利时史格斯清水公司开发的专利，原污水经格栅与沉沙池预处理后连续进入 Unitank 反应池，该反应池由三个矩形池相连组成，三个池水流相连通，每个池中均设有曝气供氧设备，可采用鼓风曝气或表面机械曝气。在外边两侧矩形池，设有固定出水堰与剩余污泥排放口。外边的两侧矩形池交替作为曝气池和沉淀池，而中间一只矩形池只作曝气池。连续进入该系统的污水，通过控制进水闸可分时序分别进入三个矩形池中任意一只，采用连续进水、出水，周期交替运行。Unitank 工艺是 SBR 法的一种改进和发展，具有周期性、交替式、连续流、恒水位的工艺特点。

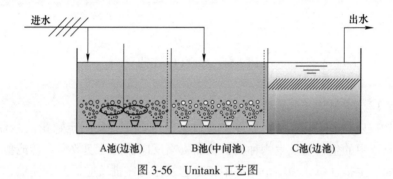

图 3-56   Unitank 工艺图

3.6.12.5 三沟式氧化沟

在整个循环过程中（见图 3-57），中间的沟始终处于好氧状态，而外侧两沟中的转刷则处于交替运行状态，当转刷低速运转时，进行反硝化过程，转刷高速运转时，进行硝化过程，而转刷停止运转时，氧化沟起沉淀池作用。

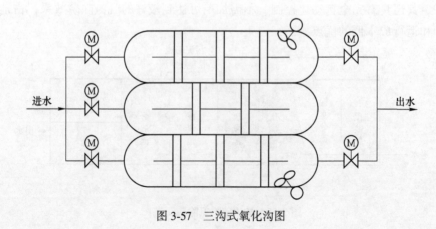

图 3-57   三沟式氧化沟图

3.6.12.6 短程硝化反硝化

短程硝化反硝化就是将硝化阶段控制在亚硝酸盐阶段，随后在缺氧条件下进行反硝化。与传统硝化反硝化生物脱氮相比，短程硝化反硝化具有许多优点：从式（1）和式（2）来看，可节省氧供应量约 25%，降低能耗。同时，从式（3）和式（4）可以看出，以甲醇为例。亚硝酸盐反硝化比硝酸盐反硝化节省 40% 的甲醇，在 C/N 比一定的情况下提高 TN 去除率，减少污泥生成量可达 50%，减少投碱量，缩短反应时间，相应反应器容积减少。

$$NH_4^+ + 1.5O_2 \longrightarrow NO_2^- + H_2O + 2H^+ \tag{1}$$

$$NH_4^+ + 2O_2 \longrightarrow NO_3^- + H_2O + 2H^+ \tag{2}$$

$$6NO_2^- + 3CH_3OH + 3CO_2 \longrightarrow 3N_2 + 6HCO_3^- + 3H_2O \tag{3}$$

$$6NO_3^- + 5CH_3OH + CO_2 \longrightarrow 3N_2 + 6HCO_3^- + 7H_2O \tag{4}$$

通常，控制的方法有：温度控制、pH 控制、溶解氧浓度控制、污泥龄控制等。

反应途径如图 3-58 所示。

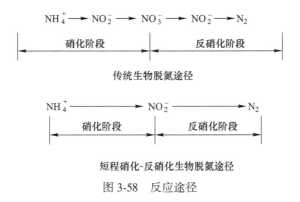

图 3-58   反应途径

3.6.12.7 ANAMMOX 工艺

厌氧氨氧化是指厌氧或者缺氧条件，氨氮以亚硝酸盐氮为作为电子受体直接氧化为氮气的过程。其反应公式如下：

$$NH_4^+ + NO_2^- \longrightarrow N_2 + 2H_2O$$

其与传统全程硝化工艺相比，仅需一半的氨氮浓度实现亚硝化，可节省 62.5% 的氧、50% 碱度和 100% 碳源。

3.6.12.8 生物膜-活性污泥法联合处理工艺

因为活性污泥法和生物膜法各有特点，为了克服两者的不足，使得生物处理效率提高，可将两者结合使用。常见的工艺有：生物滤池、生物滤池-活性污泥法串联工艺、悬浮滤料活性污泥法等。

3.6.12.9　生物膜法脱氮

利用硝化反硝化的脱氮原理，组合生物膜反应器的运行方式，让生物膜法也具有生物脱氮的能力。而在除磷方面，在污水出口进行加药，进行化学除磷。让生物膜同时具有脱氮和除磷的功能。

3.6.12.10　生物膜反应器

生物膜反应器是在反应器中添加各种填料以便微生物附着生长。主要有微孔膜生物反应器、复合式生物膜反应器、移动床生物膜反应器、序批式生物膜反应器等。

3.7　二　沉　池

二沉池是整个处理系统中非常重要的组成部分。整个系统的处理效率和二沉池的设计运行密切相关，在功能上要满足的两个条件是澄清的水质和污泥回流。从达到固液分离的目的来看，二沉池与一般沉淀池有相同的池型和结构，但是二沉池的功能要求不同，沉淀类型不同。因此，在设计的细节上应该注意与初沉池的差别。

3.7.1　特点与构造

二沉池的作用是泥水分离使经过生物处理的混合液澄清，同时对混合液中的污泥进行浓缩。二沉池是污水生物处理的最后一个环节，起着保证出水水质悬浮物含量合格的决定性作用。

如果二沉池设置得不合理，即使生物处理的效果很好，混合液中溶解性有机物的含量已经很少，混合液在二沉池进行泥水分离的效果不理想，出水水质仍有可能不合格。如果污泥浓缩效果不好，回流到曝气池的微生物量就难以保证，曝气混合液浓度的降低将会导致污水处理效果的下降，进而影响出水水质。

二沉池的构造与初沉池一样，可以采用平流式、竖流式和辐流式。但在构造上要注意以下特点：

（1）二沉池的进水部分，应该使布水均匀并造成有利于絮凝的条件，使污泥絮体结大。

（2）二沉池中污泥絮体较轻，容易被携走，因此要限制出流堰处的流速。可在池面设置更多的出水级槽，使单位堰长的出水量符合规范要求，水力负荷一般为 $0.5 \sim 1.8 \mathrm{m}^3/(\mathrm{m}^2 \cdot \mathrm{h})$，处理工业废水时，活性污泥中有机物比例较大，曝气池混合液的 SVI 偏高，与其配套的二沉池宜采用较低的表面水力负荷。

（3）污泥斗的容积，要考虑污泥浓缩的要求。在二沉池内，活性污泥中的溶解氧只有消耗，没有补充，容易耗尽。缺氧时间过长可能影响活性污泥中微生物的活力，并可能因反硝化而使污泥上浮，故浓缩时间一般不超过2h。生物膜法二沉池污泥区的容积一般为4h污泥量。

（4）二沉池应设置浮渣的收集、撇除、输送和处置装置。

3.7.2 二沉池的设计计算

初沉池和二沉池的负荷（或停留时间）的选择见表3-31。

表3-31 初沉池和二沉池的功能与负荷（或停留时间）的关系

类别	沉淀池位置	沉淀时间/h	表面负荷/m³·(m²·h)⁻¹	人均污泥量（干物质）/g·d⁻¹	污泥含水率/%
初沉池	仅一级处理	1.5~2.0	1.5~2.5	15~27	96~97
	二级处理	1.0~2.0	1.5~3.0	14~25	95~97
二沉池	活性污泥法	1.5~2.5	1.0~1.5	10~21	99.2~99.5
	生物膜法	1.5~2.5	1.0~2.0	7~19	96~98

池深的选择见表3-32，所选数值与表中不符时采用内插法确定。

表3-32 池深与表面负荷及水力停留时间的关系

表面负荷/m³·(m²·h)⁻¹	沉淀时间/h				
	$H=2.0m$	$H=2.5m$	$H=3.0m$	$H=3.5m$	$H=4.0m$
3.0			1.0	1.17	1.33
2.5		1.0	1.2	1.4	1.6
2.0	1.0	1.25	1.5	1.75	2.0
1.5	1.33	1.67	2.0	2.33	2.67
1.0	2.0	2.5	3.0	3.5	4.0

沉淀池表面积计算公式：

$$A = \frac{Q}{q}$$

式中　A——澄清区表面积，m^2；

　　　Q——污水设计流量，用最大时流量，m^3/h；

　　　q——表面水力负荷，$m^3/(m^2 \cdot h)$ 或 m/h。

有效水深：

水深 H 一般按沉淀时间计算，沉淀池水力停留时间 t 一般取 1.5~4h，对应的沉淀池的有效水深在 2.0~4.0m。

$$H = \frac{Qt}{A} = qt$$

式中，t 为水力停留时间，h；其他符号意义同上。

二沉池污泥区体积

$$V_s = RQt_s$$

式中　V_s——污泥斗容积，m^3；

　　　R——最大污泥回流比；

　　　t_s——污泥在二沉池中的浓缩时间，h。

3.8　污　泥　回　流

3.8.1　一般说明

污泥回流就是将在二沉池进行泥水分离的、从曝气池中流失的污泥中的大部分重新引到曝气池的进水端，再利用机械曝气或鼓风曝气等充氧形式将进水与回流污泥进行充分混合，发挥回流污泥中微生物的作用，继续对进水中有机物进行氧化分解。

污泥回流的作用是补充曝气池混合液流出带走的活性污泥，使曝气池内的悬浮固体浓度 MLSS 保持相对稳定。同时对缓冲进水水质的变化也能起到一定的作用，二级生物处理系统的抗冲击负荷能力主要是通过曝气池中拥有足够的活性污泥实现的，而曝气池中维持稳定的污泥浓度离不开回流污泥的连续进行。

3.8.2　主要设计参数

3.8.2.1　污泥回流浓度

污泥回流浓度是活性污泥沉淀特性和污泥回流比的函数。沉降浓缩性能不高的活性污泥，其回流污泥浓度 X_R 范围为 5000～8000mg/L，若 X_R 按 7000mg/L，则要保持曝气池 MLSS 在 3000mg/L，污泥回流比 R 必须大于 0.75。

3.8.2.2　污泥回流比

在污泥回流浓度相同的情况下，MLSS 的浓度越高，回流比就越大。一般为 50%～100%。

3.8.3　工艺设计

二沉池活性污泥由吸泥管吸入，由池中心落泥管及排泥管排入池外套筒阀井中，然后由管道输送至回流泵房，其他污泥由刮泥板刮入污泥井中，然后由管道排入剩余污泥泵房集泥井中。集泥池的容积按照最大一台泵 3min 计算，池水深一般为 2～3m，可根据水深计算集泥池的面积。污泥泵一般两用一备。

3.9 接触池（消毒池）

消毒池最初设计的功能是用于生化后，杀菌消毒的。微生物是污水处理的重要内容，污水经过二级处理之后，水质会得到一定的改善，但仍存在一些细菌微生物，为了防止对人类的健康造成危害，在污水排入水体前应该进行消毒处理。

3.9.1 液氯消毒

3.9.1.1 消毒原理

液氯消毒法（chlorine disinfection）指的是将液氯汽化后通过加氯机投入水中完成氧化和消毒的方法。其特点是液氯成本低、工艺成熟、效果稳定可靠。由于加氯法一般要求不少于 30min 的接触时间，接触池容积较大；氯气是剧毒危险品，存储氯气的钢瓶属高压容器，有潜在威胁，需要按安全规定兴建氯库和加氯间；液氯消毒将生成有害的有机氯化物，但是它的持续灭菌能力，让它成为现今水处理行业里比较常用的工艺。

但是在使用液氯消毒的过程中发现有大量副产物生成，如：三卤甲烷、卤乙酸等，这些物质对人体健康有较大影响。因此有必要发展新型消毒技术。

3.9.1.2 设计参数

（1）投加量：一般按 $5\sim15mg/L$。

（2）接触时间：一般为 30min，保证污水和氯气充分混合。

（3）加氯量 Q 计算。

$$Q = 0.001aQ_1$$

式中　a——最大投氯量，mg/L；

　　　Q_1——需要消毒的水的量，m^3/h。

（4）消毒池流量。

$$Q = \frac{Q_0}{n}$$

式中　Q_0——设计流量，m^3/s；

　　　Q——单池设计流量，m^3/s；

　　　n——消毒池个数。

（5）消毒池容积。

$$V = Q \times T$$

式中　V——消毒池单池面积，m^3；

　　　Q——单池污水设计流量，m^3/s；

T——消毒时间，h。

（6）消毒池表面积。

$$F = \frac{V}{h_2}$$

式中　F——消毒池单池表面积，m^2；

　　　h_2——消毒池有效水深。

（7）池长和池高。

（8）消毒接触池池长。

$$L' = \frac{F}{B}$$

式中　L'——消毒接触池廊道总长，m；

　　　B——消毒接触池廊道单宽，m。

消毒接触池采用 n 廊道，则消毒接触池池长：

$$L = \frac{L'}{n}$$

（9）池高。

$$H = h_1 + h_2$$

式中　h_1——超高，m，一般采用 0.5m；

　　　h_2——有效水深，m。

（10）出水部分。

$$H = \left(\frac{Q}{mb \times \sqrt{2g}} \right)^{\frac{2}{3}}$$

式中　H——堰上水头，m；

　　　m——流量系数，一般采用 0.42；

　　　g——重力加速度；

　　　b——堰宽，数值等于池宽，m。

3.9.2　二氧化氯消毒

3.9.2.1　消毒原理

二氧化氯具有杀菌、漂白、除臭、消毒、保鲜的功能。二氧化氯的消毒机理主要是氧化作用，二氧化氯分子的电子结构呈不饱和状态，具有较强的氧化作用力，主要是对富有电子（或供电子）的原子基团（如含巯基的酶和硫化物，氯化物）进行攻击，强行掠夺电子，使之失去活性，物质性质发生变化，从而达到其目的。

（1）杀菌机理：二氧化氯对细胞壁有较强的吸附和穿透能力，放出原子氧将细胞内的含巯基的酶氧化起到杀菌作用。

（2）漂白作用：二氧化氯的漂白是通过放出原子氧和产生次氯酸盐而达到分解色素的目的。用做漂白剂代替氯气、氯酸盐等，可阻止并避免与纤维发生氧化而降低纤维强度，因而效果更全面。

（3）除臭作用：二氧化氯的除臭是因为它能与异味物质（如 H_2S、—SOH、—NH_2 等）发生脱水反应并使异味物质迅速氧化转化为其他物质。

（4）消毒作用：二氧化氯的氧化性可将有毒物质转化为无毒物。

3.9.2.2 设计参数

A 投加量

当采用二氧化氯消毒法时，需要根据 GB 50014—2006《室外排水设计规范》（2016 年版）中"二级出水的加氯量应根据试验资料或类似运行经验确定，无试验资料时，二级处理出水可采用 6~15mg/L，再生水的加氯量，按卫生学指标和余氯量确定。"

加氯量 Q 计算

$$Q = 0.001aQ_1$$

式中 a——最大投氯量，mg/L；

Q_1——需要消毒的水的量，m^3/h。

B 接触时间

根据 GB 50014—2006《室外排水设计规范》（2016 年版）中规定，"二氧化氯或氯消毒后，应进行混合和接触，接触时间不应小于 30min。"

C 加药方式

在水池中投加，采用扩散器或扩散管。需要特别注意的是，二氧化氯因为化学性质活泼需要在使用时制取。制取与投加通常是连续的。在二氧化氯设备的建设和运转过程中，必须有特殊的安全防护措施，因为盐酸和次氯酸钠等药剂如果使用不当或二氧化氯水溶液浓度超过规定值，会引起爆炸。

3.9.3 紫外线消毒

3.9.3.1 消毒原理

紫外线是波长在 100~400nm 范围内的电磁波，有效波长范围又可以分为 4 个波段：UVA（400~315nm）、UVB（315~280nm）、UVC（280~200nm）和真空紫外线（200~100nm）。其中能透过臭氧保护层和云层到达地球表面的只有 UVA 和 UVB、UVC 处于微生物吸收峰范围之内，可在 1s 内通过破坏微生物的 DNA 结构杀死病毒和细菌，而 UVA 和 UVB 除以微生物吸收峰之外，速度较慢，真空紫外光穿透能力极弱。因此设计高效率、高强度和长寿命的 UVC 波段紫外光照射流水，将水中的各种细菌、病毒、微生物以及其他病原体直接杀死，达到消毒目的。紫外线消毒法有望成为代替传统氯化消毒成为主要的消毒方式。

3.9.3.2　设计参数

（1）紫外线消毒剂量：紫外线消毒剂量是所有紫外线辐射强度和曝光时间的乘积。紫外线消毒剂量的大小与出水水质、水中所含的物质种类，灯管的系数等多种影响因素有关，通常根据类似运行经验确定。

（2）紫外光照时间：10~100s。

（3）紫外线照射区的设计：紫外线照射区的设计应符合以下要求，照射区水流均匀分布；灯管前后的区长度不宜小于1m；水深应满足灯管的淹没要求；紫外线照射渠不宜少于两条，当采用一条时应设置超越渠。

（4）消毒器中水流速度应大于0.3m³/s，可采用串联结构，以保证达到所需的接触时间。

3.10　污泥浓缩池

3.10.1　一般说明

污泥中含有大量的水分，为降低污泥含水率通常采取污泥浓缩的方法来降低污泥中的空隙水（约占总水分的70%），一般浓缩后污泥含水率可降至97%~98%左右，从而减少污泥体积。这样就能够减少污泥池容积和所需药剂。在污水处理工艺中常采用的污泥浓缩方法主要有重力浓缩、溶气气浮浓缩和离心浓缩。本指导书以重力浓缩论述浓缩池的设计方法。

重力浓缩池按其运转方式分为连续式和间歇式两种，前者主要用于大、中型污水处理厂；后者主要用于小型污水处理厂或工业企业的污水处理厂。

间歇式重力推缩池是间歇进泥，因此，在投入污泥前必须先排除浓缩池已澄清的上清液，腾出池容，故在浓缩池不同高度上应设多个上清液排出管。间歇式操作管理麻烦，且单位处理污泥所需的池体积比连续式的大。

连续式重力浓缩池可采用竖流式、辐流式沉淀池的型式，一般都是直径5~20m圆形或矩形钢筋混凝土构筑物；可分为有刮泥机与污泥搅动装置的浓缩池、不带刮泥机的浓缩池以及多层浓缩池3种。

3.10.2　设计参数与要求

（1）设计流量：初沉池污泥量 + 剩余污泥量。

（2）停留时间：大于12h。

（3）有效水深：4m。

（4）污泥固体负荷：$30\sim60kg/(m^2\cdot d)$。

（5）浓缩池尺寸可以与沉淀池一致，工艺装备主要为刮泥机。

3.11 污泥消化池

3.11.1 一般说明

污泥消化通常指废水处理中所产生污泥的厌氧生物处理。即污泥中的有机物在无氧条件下，被细菌降解为以甲烷为主的污泥气和稳定的污泥（称消化污泥）。但也有采用需氧生物处理以降解和稳定污泥中的有机物的，称需氧消化，常用于处理剩余活性污泥，曝气时间随温度而异，20℃时约需10天，10℃时约需15天，需氧消化的余泥不易浓缩。

污泥消化分为好氧消化和厌氧消化，其目的是为了稳定初沉池污泥、剩余活性污泥和腐殖污泥，以利于污泥后续处理。好氧消化其工作原理是污泥中的微生物有机体的内源代谢过程通过曝气充入氧气，活性污泥中的微生物有机体自身氧化分解，转化为二氧化碳、水和氨气等，使污泥得到稳定。厌氧消化池主要应用于处理城市污水处理厂的污泥，其原理是通过厌氧生物的作用将污泥中的有机物、储存在微生物体内的有机物以及部分生物体转化为甲烷，从而达到污泥稳定。

3.11.2 设计参数与要求

3.11.2.1 池容

$$V = Q/\eta$$

式中　Q——设计污泥流量，m^3/d；

　　　V——消化池池容，m^3；

　　　η——污泥投配率。

3.11.2.2 池型

消化池的池型有圆筒形、椭圆形和蛋形等，如图3-59所示，从结构上，蛋形最好，但相应的造价也最高；圆筒形结构形状简单，构筑方便，是目前应用较广的消化池池型。以下计算以圆筒形为例。

3.11.2.3 结构计算

A　集气罩容积

$$V_1 = \frac{\pi d_1^2}{4} h_1$$

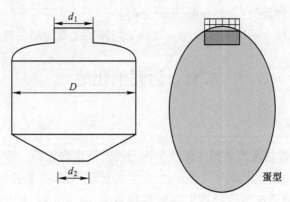

图 3-59　池型

B　弓形部分容积

$$V_2 = \frac{\pi}{24} h_2 (3D^2 + 4h_2^2)$$

C　圆柱部分容积

$$V_3 = \frac{\pi D^2}{4} h_3$$

D　下锥体部分容积

$$V_4 = \frac{1}{3} \pi h_4 \left[\left(\frac{D}{2} \right)^2 + \frac{D}{2} \times \frac{d_2}{2} + \left(\frac{d_2}{2} \right)^2 \right]$$

E　消化池的有效容积

$$V = V_3 + V_4$$

设计一般采用试算法，即首先确定各部分尺寸，然后按以上各式计算消化池池容，逐步调整，直至两者接近为止。

3.11.2.4　热工计算

通过热工计算确定加热量，以便选择锅炉等加热设备，具体计算参照有关手册进行。

3.11.2.5　设备计算

消化池的工艺设备是机械搅拌设备。

机械搅拌时，搅拌桨功率 N 按下式计算：

$$N = \frac{QH}{75\eta}$$

式中　Q——流过搅拌桨导流筒的流量，m^3/h；

　　　H——搅拌桨工作压力，一般取 1m 水柱；

η——螺旋桨效率。

沼气搅拌时，压缩机压力 H：

$$H = H_0 + \sum h_i$$

式中　H_0——消化池有效水深，m；

$\sum h_i$——沼气管路沿程和局部阻力之和，m。

沼气流量 Q：

$$Q = bV$$

式中　b——搅拌每立方米污泥所需的沼气量，$\mathrm{m^3/(m^3 \cdot h)}$；

V——有效池容，$\mathrm{m^3}$。

3.12　储　泥　池

3.12.1　一般说明

储泥池的作用是调节消化池排泥和污泥脱水两个单元的污泥平衡。储泥池的体积越大，储泥时间越长，越有利于脱水间的工作。

储泥池一般设计为圆形，内置搅拌机，防止污泥结块和沉淀影响污泥从储泥池到脱水机间的输运。

3.12.2　设计参数与要求

设计流量：脱水污泥量（或消化池排泥量）。

停留时间：12~24h。

有效水深：4~6m。

储泥池容积 V：

$$V = QT$$

式中　Q——设计流量，$\mathrm{m^3/d}$；

T——停留时间，d。

储泥池直径 D：

$$D = \sqrt{\frac{4V}{\pi H}}$$

式中　H——储泥池深，m。

搅拌机的功率按 5~10W/m³ 池容计算。搅拌机可选择立式（垂直搅拌轴）或潜水推进器式。

3.13 污 泥 脱 水

3.13.1 一般说明

污泥脱水是将污泥的含水率降至 85% 以下（污泥的极限游离水含量为 20%）。污泥经脱水后，一般形成泥饼，体积大大减小，利于最终的处置。

在脱水前要对污泥进行调理，以改善污泥的脱水性能。工程上调理的主要方法为投加高分子絮凝剂。

污泥脱水方法有自然脱水和机械脱水。城市污水处理厂一般由于场地的限制，污泥脱水主要采用的是机械脱水。机械脱水的方式有真空过滤、板框压滤、带式压滤和离心过滤等。板框压滤为间歇操作，一般适于中小型污水处理厂；大中型污水处理厂目前普遍采用带式过滤或离心过滤。本指导书主要介绍带式压滤机的设计。

污泥脱水系统设计包括絮凝剂的选择、药量计算、配（加）药系统、过滤机的选型、加药间和脱水间设计等。

3.13.2 设计参数与要求

（1）设计量：污泥消化池的排泥量。

（2）絮凝剂：PAM（或改性产品）。

（3）加量：干固体的 0.3%~0.5%。

（4）溶药池计算。

溶药池数量：不少于两个。

溶药池容积 V：

$$V = \frac{W}{1000 \times NA}$$

式中　W——日投药量，kg/d；

　　　N——每天的配药次数；

　　　A——溶药浓度，一般为 2%~4%。

（5）溶药池形式。大型污水处理厂的溶药池可采用混凝土结构，而中小型污水处理厂一般采用成套的加药设备，有关设备的设计和选型可参考有关手册。

目前常见的溶药池型式如图 3-60 所示。

（6）加药间。加药间的设计应满足加药设备的安装、运行和维修等要求，有关设计要求及计算参考《给水排水设计手册》。加药间的工艺设备包括加药池搅拌机、加药泵、计量设备以及起吊设备等。搅拌机的搅拌功率按 0.1kW/m^3 进

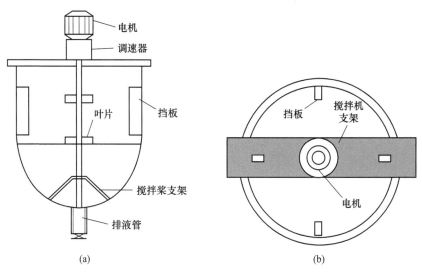

图 3-60 溶（配）药罐结构形式

（a）立面；（b）平面

行选择。加药泵可采用普通离心泵或专用加药泵（柱塞泵），泵的选择按所需的流量和扬程进行。

4 污水处理厂水力设计与水力计算

4.1 处 理 单 元

4.1.1 设计原则

4.1.1.1 稳定性原则

要防止溢流，污水的溢出会污染环境，这就要求水力计算出的设计流量是可能出现的最大流量，同时在设计时要多设置导流，避免涡流的出现。

4.1.1.2 水头损失最小原则

污水流动过程中构筑物对水流的阻力是水头损失的主要来源，这要求在设计时尽量减小构筑物对水流的阻碍作用，减少锐角的产生。

4.1.1.3 工艺适用性原则

所做的设计必须满足采用工艺的最低条件，这是保证设计合理性的关键。

4.1.2 沉淀池

由于水流形式简单，通过增加沉淀面积与水力停留时间可大幅提高沉淀效率。

4.1.3 曝气池

推流式曝气池底物浓度随池长的增加而降低，这就使得生物量纵向上的分布不均，不可避免地造成了供需氧量在纵向上出现差距，对此可采用渐减曝气，阶段曝气（多点进水）等曝气方式。完全混合曝气池使活性污泥与底物充分混合，池内各处需氧量相同，新入池的污水能瞬时完全混合，因此有较强的抗冲击负荷。

曝气池中应保持污泥平衡与物料平衡，即污泥的增长量应与损失量相同，物料的输入量应等于物料的输出量加积累消耗量，这在采用任何形式的曝气池时都应提前设计进水量、出水量、污泥龄等工艺参数。

4.1.4 阻力计算

水头在流体力学领域代表能量，水体在构筑物间的流动不可避免地会有能量的消耗，也就是水头损失。最初促使水体流动的能量来源于构筑物间的势能差或是外加的能量供应单元，如抽水泵等。

4.1.4.1　无外加能量的阻力计算

这些没有外加能量处理单元的阻力计算可按照下节中提到的明渠来进行，此类单元主要包括沉淀池、接触池等。对于沉淀池等，由于其流速和湿周小，水力半径很大，所以其阻力一般忽略不计。而对于接触池等，由于其流速和湿周大，水力半径较大，因此其阻力必须进行计算。

4.1.4.2　有外加能量的阻力计算

这些处理单元通常包括曝气池、搅拌池等。含有曝气的水处理池，由于空气的流向与水流方向不同的缘故，曝气过程也被认为是水流阻力增加的过程，而对于含有搅拌器械的搅拌池，阻力主要来自搅拌机，因此水头损失可不计算。

4.2　压力流（管道）

为了节约能耗，污水与污泥的输送多采用无压力流的形式，但在某些需要外力才能输送的特殊位置，如压力管道内，则会采用压力流。

管道内的最小设计流速需要根据管径以及污泥含水率来确定，通常需要采用表 4-1 所列的最小设计流速。

表 4-1　压力管道最小设计流速

污泥含水率/%		90	91	92	93	94	95	96	97	98
最小设计流速 /m·s^{-1}	管径 150~200mm	1.5	1.4	1.3	1.2	1.1	1.0	0.9	0.8	0.7
	管径 300~400mm	1.6	1.5	1.4	1.3	1.2	1.1	1.0	0.9	0.8

紊流流动时的水头损失按下式计算：

$$h_f = 6.28 \left(\frac{L}{D^{1.17}} \right) \left(\frac{V}{C_H} \right)^{1.85} \tag{4-1}$$

式中　h_f——水头损失，m；

L——管道长度，m；

D——管道直径，m；

V——水流速度，m/s。

海森-威廉系数 C_H 与污泥浓度有关，见表 4-2。

表 4-2　C_H 与污泥浓度的关系

污泥浓度/%	C_H	污泥浓度/%	C_H	污泥浓度/%	C_H
0	100	4	61	8.5	32
2	81	6	45	10.1	25

管道的局部水头损失用下式来计算：

$$h_f = \xi \frac{v^2}{2g} \tag{4-2}$$

式中　h_f——局部水头损失，m；

　　　ξ——局部阻力系数，见表 4-3 和表 4-4。

表 4-3　各种管件的局部阻力系数

管件名称	局部阻力系数 ξ 值		
	水	含水率 98% 污泥	含水率 96% 污泥
承插接头	0.4	0.27	0.43
三通	0.8	0.60	0.73
90°弯头	1.46 ($r/R=0.9$)	0.85 ($r/R=0.7$)	1.14 ($r/R=0.8$)
四通		2.5	

表 4-4　各种阀门的局部阻力系数

h/d	局部阻力系数 ξ 值		h/d	局部阻力系数 ξ 值	
	水	含水率 96% 污泥		水	含水率 96% 污泥
0.9	0.93	0.04	0.5	2.03	2.57
0.8	0.05	0.12	0.4	5.27	6.30
0.7	0.20	0.32	0.3	11.42	13.0
0.6	0.70	0.90	0.2	28.70	27.7

4.3　重力流（管道）

各个构筑物之间污水的输送采用管道来进行时，管道的水头损失可分为沿程水头损失和局部水头损失，沿程水头损失按下式计算：

$$h_f = \frac{v^2}{C^2 R} L \tag{4-3}$$

$$C = \left(\frac{1}{n}\right) R^{1/6} \tag{4-4}$$

式中　h_f——水头损失，m；

L——管长，m；

R——水力半径，m；

v——管内流速，m/s；

C——谢才系数；

n——管壁粗糙系数，见表4-5。

表 4-5　粗糙系数表

管渠种类	n	管渠种类	n
陶土管、铸铁管	0.013	浆砌砖渠道	0.015
混凝土和钢筋混凝土管水泥砂浆抹面渠道	0.013~0.014	浆砌块石渠道	0.017
塑料管		干砌块石渠道	0.020~0.025
石棉水泥管、钢管	0.012	土明渠	0.020~0.030

谢才系数（见表4-6）也可根据不同材质的绝对粗糙系数 k 来计算。

$$C = \frac{25.4}{k^{1/6}} \tag{4-5}$$

表 4-6　谢才系数表

管渠种类	k	C	管渠种类	k	C
混凝土渠道	0.0025	70	离心法铸造的混凝土管道	0.0005	90
普通混凝土管道	0.0015	75	镀锌钢管	0.00035	95
表面光滑混凝土管道	0.0010	80	PVC-管道	0.00025	100

局部水头损失包括三部分，分别是闸门处的水头损失、管道连接处以及弯管处的水头损失，其计算公式为：

$$h_f = \xi \frac{v^2}{2g} \tag{4-6}$$

式中　h_f——局部水头损失，m；

　　　ξ——局部阻力系数；

　　　v——管内流速，m/s。

4.4　重力流（明渠）

明渠是构筑物之间比管道更多采用的一种方式，其水头损失的计算可参照4.3章节。为了防止悬浮物在渠内的沉淀，在最大流量时，流速规定为 1.0~1.5m/s，最小流量时，流速规定为 0.4~0.6m/s。

4.5 堰 流

污水处理过程中，堰能起到调节水量与稳定水质的作用。通常可根据堰顶宽、出流方式及堰口的形状分为不同的堰。下述介绍污水厂常用的两种堰。

4.5.1 不淹没薄壁三角堰

如图 4-1 所示，缺口处为三角形的堰称为三角堰，当 $\theta = 90°$ 时，称为直角堰。通常采用不淹没的薄壁堰，其流量公式为：

$$h = 0.021 \sim 0.200\text{m}, \quad Q = 1.4/h^{5/2} \tag{4-7}$$

$$h = 0.301 \sim 0.350\text{m}, \quad Q = 1.343h^{2.47} \tag{4-8}$$

$$h = 0.201 \sim 0.300\text{m}, \quad Q = 1/2(1.4h^{2.5} + 1.343h^{2.47}) \tag{4-9}$$

式中　h——堰上水头，m；

　　　Q——过堰流量，m^3/s。

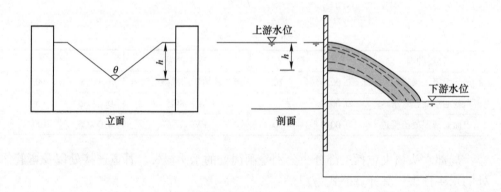

图 4-1　薄壁三角堰

4.5.2 不淹没薄壁矩形堰

如图 4-2 所示，若堰宽与堰前水面宽度 B 相同，则称无侧面收缩；若不同，则称为有侧面收缩。过堰流量公式为：

$$Q = mbH^{3/2}\sqrt{2g} \tag{4-10}$$

式中　b——堰宽，m；

　　　H——堰上水头，m；

　　　m——流量系数。

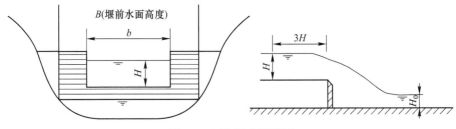

图 4-2　不淹没式矩形堰

4.6　孔口自由出流

如图 4-3 所示，孔口自由出流应用于池体防空等场合，通过用以下公式计算流量：

$$Q = \mu A \sqrt{2gH} \tag{4-11}$$

式中　Q——孔口流量，m^3/s；
　　　H——孔口水头，m；
　　　A——孔口面积，m^2；
　　　μ——流量系数。

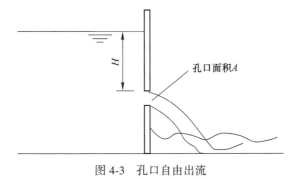

图 4-3　孔口自由出流

4.7　孔口非自由（淹没）出流

如图 4-4 所示，孔口淹没出流应用于淹没配水等场合，通过用以下公式计算流量：

$$Q = \mu A \sqrt{2g\Delta H} \tag{4-12}$$

式中　Q——孔口流量，m^3/s；

ΔH——淹没孔口出流水头，m；

A——孔口面积，m^2；

μ——流量系数。

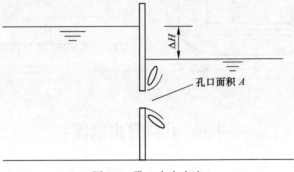

图 4-4 孔口自由出流

4.8 沿程进水集水槽

如图 4-5 所示，沿程进水集水槽的水头损失可用下列公式计算：

$$B = 0.9Q^{0.4} \tag{4-13}$$

$$h_0 = 1.25B \tag{4-14}$$

式中 Q——设计流量，为确保安全常需要对设计流量乘以 1.2~1.5 的安全系
数，m^3/s；

　　　B——槽宽，m；

　　　h_0——起端水深，m。

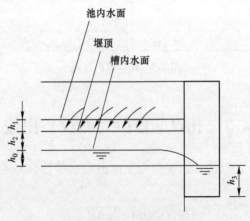

图 4-5 集水槽水头损失计算图

h_1—堰上水头；h_2—自由跌落；h_0—集水槽起端水深；h_3—总渠起端水深

$$h_f = h_1 + h_2 + h_0 \qquad (4\text{-}15)$$

式中　h_f——水头损失，m；

　　　h_1——堰上水头，m；

　　　h_2——自由跌落水头，m。

5 某城市污水处理厂处理工艺设计

5.1 设计任务书

5.1.1 设计题目

某城市污水处理厂二级处理工艺设计。

5.1.2 设计背景

5.1.2.1 水量、水质资料及处理要求

污水设计流量为 8 万吨/天；城市人口为 30 万人；污水处理后的水质需达到城镇污水处理厂污染物排放标准（GB 18918—2002）中的二级标准，具体参数详见表 5-1。

表 5-1 污水处理厂进、出水参数

进水水质要求			出水水质要求		
项目	单位	数值	项目	单位	数值
BOD_5	mg/L	150	BOD_5	mg/L	30
COD	mg/L	300~400	COD	mg/L	100
SS	mg/L	200	SS	mg/L	30
TN	mg/L	30~40	TN	mg/L	—
TP	mg/L	3~5	TP	mg/L	3
NH_3-N	mg/L	25~30	NH_3-N	mg/L	25（30）
N_{org}	mg/L	10~20	N_{org}	mg/L	—
pH	—	6.5~9	pH		6~9

注：括号外数值为水温>12℃时的控制指标，括号内数值为水温≤12℃时的控制指标。

5.1.2.2 厂区条件

（1）厂址：见图 5-1（400m×400m 方形厂区）。

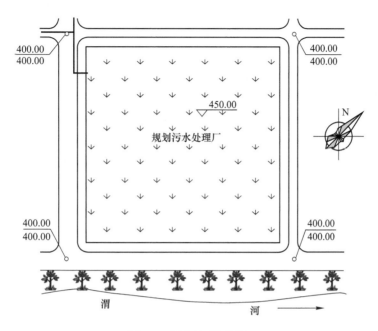

图 5-1　污水处理厂厂址

（2）气象条件：所在地区平均气压 730.2mmHg（1mmHg＝0.133kPa），年平均气温 13℃，常年主导风向为东南风。

（3）工程地质条件：厂区地势平坦，地坪标高 450.0m。厂址周围工程地质良好，适合修建城市污水处理厂。

5.1.2.3　设计内容

（1）工艺流程选择。

（2）构筑物设计及计算。

（3）平面布置图。

（4）水力及高程计算。

5.1.2.4　设计要求

（1）污水处理工艺流程选择合理，设计参数选择正确。

（2）对各处理构筑物进行工艺计算，确定其形式、数目与尺寸，主要设备的选取。

（3）设计计算说明书不少于 0.3 万字；污水处理厂总平面布置图 1 张（A3），污水处理厂高程布置图 1 张（A3）。

1）污水处理厂总平面布置图。要求以计算或选定尺寸按一定比例绘出全部处理构筑物及附属建筑物、绿化、厂界、道路。厂区内构筑物布置要合理，可按功能划分成几个区域（如：污泥处理区、污水处理区、办公及辅助区等）。标注构筑物外形尺寸、平面位置；绘制各种阀门、渠道、管道、检查井等。标注渠道尺寸、管径尺寸、坡度和长度。绘制管线图例、指北针。列表表示图中构筑物的名称、尺寸及数量。图纸布局需美观。

2）污水处理厂高程布置图。在污水与污泥处理流程中，要求从污水进厂格栅起，到处理后的排水渠，沿污水、污泥在处理厂中流动的最长路程绘制流程中各处理构筑物、连接管渠的剖面展开图。图中要画出设计地平线、构筑物中水面线及标高、标注各构筑物的顶部、底部以及水面线标高，建筑物名称等。图纸布局需美观。

5.1.2.5　主要参考文献

（1）《水污染控制工程》；

（2）《城市污水厂处理设施设计计算》；

（3）《环境工程设计手册》；

（4）《给排水设计手册》；

（5）环境专业相关杂志及书籍。

5.2　设计指导书

5.2.1　污水厂设计的内容及原则

污水厂的设施一般可以分为处理构筑物、辅助生产构筑物、附属生活建筑物。污水厂处理工艺设计一般包括以下内容：根据城市或企业的总体规划或现状与设计方案选择处理厂厂址；处理工艺流程设计说明；处理构筑物型式选型说明；处理构筑物或设施的设计计算；主要辅助构筑物设计计算；主要设备设计计算选择；编制主要设备材料表；污水厂总体布置及厂区道路、绿化和管线综合布置；处理构筑物、主要辅助构筑物、非标设备设计图绘制。

（1）污水厂的设计应符合适用的要求，在确保污水厂处理后达到排放要求的前提下，充分考虑现实的经济和技术条件，以及当地的具体情况，在可能的基础上，选择的处理工艺流程、构筑物型式、主要设备、设计标准和数据等，应最大限度地满足污水厂的功能，使处理后污水符合水质要求。

（2）污水厂设计时必须充分掌握当地情况并仔细研究各项自然条件，例如水质水量资料、同类工程资料。按照工程的处理要求，全面地分析各种因素，选择好各项设计数据，在设计中一定要遵守现行的设计规范，保证必要的安全系数。

（3）污水处理厂设计必须符合经济的要求，污水处理工程方案设计完成后，总体布置、单体设计及药剂选用等要尽可能采取合理措施降低工程造价和运行管理费用。

（4）污水厂设计应当力求技术合理。在经济合理、安全可靠的原则下，尽可能地采用先进的工艺、机械和自控技术。

（5）污水厂设计必须考虑安全运行的条件，如适当设置超越管线、分流设施、甲烷气的安全贮存等。

（6）污水厂的设计在经济条件允许情况下，厂内布局、环境及卫生、构筑物外观等可以适当注意美观和绿化。

5.2.2 污水处理设施设计的一般规定

（1）处理设备设计流量：各种设备选型计算时，按最大日最大时流量设计。

（2）管渠设计流量：按最大日、最大时流量设计。

（3）各处理构筑物不应小于两组，且按并开设计。

5.2.3 污水厂厂址选择

污水厂厂址选择是进行设计的前提，应根据选址条件和要求综合考虑，选出适用可靠、管道系统优化、工程造价低、施工及管理条件好的厂址。选址时，应考虑以下几方面：

（1）应符合城市或企业现状和规划对厂址的要求。

（2）应与选定的污水处理工艺相适应，如选定稳定塘、氧化沟、土地处理系统为处理工艺时，必须有适当可利用的土地面积。

（3）厂址选择，应尽量做到少占农田和不占良田，选择在有扩建条件的地方，为今后发展留有余地。

（4）厂址必须位于给水水源下游，并应设在城镇、工厂厂区及生活区的下游和夏季主风向的下风向，为保证卫生要求，厂址应与城镇、厂区、生活区及农村居民点保持约 300m 以上的距离，但也不宜太远，以免增加管道长度，提高造价。

（5）厂址应在工程地质条件较好的地方，在有抗震要求的地区还应考虑地震、地质条件。一般应选在地下水位较低、湿陷性等级不高，岩石无断裂带，地基承载力较大，以及对工程抗震有利的地段。

（6）厂址应尽量选在交通方便的地方，以利施工运输和运行管理。

（7）厂址应尽量靠近供电电源，以利安全运行和降低输电线路费用。

（8）当处理后的污水或污泥用于工业、农业或市政时，厂址应考虑与用户靠近，或方便运输，当处理水排放时，应与受纳水体靠近。

（9）厂址不宜设在雨季易受水淹的低洼处，靠近水体的处理厂，要考虑不受洪水威胁。

（10）要充分地利用地形，应选择有适当坡度的地区，以满足污水处理构筑物高程布置的需要，减少土方工程量。

5.2.4 工艺流程选择确定

处理工艺流程是指对各构筑物的优化组合。处理工艺流程的确定主要取决于处理程度、工程规模、污水性质、建设地点的气候和地形、厂区面积、运行费用和工程投资等因素。

5.2.5 技术经济分析

技术经济分析是通过对项目多个方案的投入费用和产出效益进行计算，对拟建项目的经济可行性和合理性进行论证分析，做出全面的技术经济评价，经比较后确定推荐方案，为项目的决策提供依据。除需计算项目本身的直接费用、间接费用外，还应评估项目的直接效益和间接效益，据此从社会、环境与经济等方面综合判别项目的合理性。

技术经济分析的主要内容：

（1）处理工艺技术水平比较：包括主要处理单元以及处理工艺路线的技术先进性与可靠性、运行的稳定性与操作管理的复杂程度、各级处理的效果与总的处理效果、污泥的处理与处置、出水水质、工程占地面积、施工难易程度、劳动定员等。

（2）处理工程的经济比较：包括工程总投资、经营管理费用和制水成本。

5.3　工艺流程选择

本节要求学生通过查阅资料，分析各种工艺流程的特点，结合设计任务书要求的污水水质及处理要求，确定最终的污水处理工艺流程。

5.3.1 各指标去除率计算

$$BOD_5\ 去除率\ \eta = \frac{150 - 30}{150} \times 100\% = 80\%$$

$$NH_3\text{-}N\ 去除率\ \eta = \frac{30 - 25}{30} \times 100\% = 16.7\%$$

$$TP\ 去除率\ \eta = \frac{5 - 3}{5} \times 100\% = 40\%$$

$$SS\ 去除率\ \eta = \frac{300 - 30}{300} \times 100\% = 90\%$$

5.3.2 最大流量 $Q_{\max}$

平均流量：$Q_{平均} = 80000 \text{m}^3/\text{d} = 3333 \text{m}^3/\text{h} = 0.93 \text{m}^3/\text{s}$

总变化系数 $K_z = \dfrac{2.72}{Q_a^{0.11}} = \dfrac{2.72}{930^{0.11}} = 1.30 (Q_a = 0.93 \times 1000 \text{L/s})$

设计流量 $Q_{\max} = K_z \times Q_a = 1.30 \times 80000 \text{m}^3/\text{d} = 104000 \text{m}^3/\text{d} = 4333 \text{m}^3/\text{h}$
$$= 1.20 \text{m}^3/\text{s}$$

5.3.3 工艺流程

根据进水及出水要求，本设计示例选用 A^2/O 工艺方案。工艺流程图如图 5-2 所示。

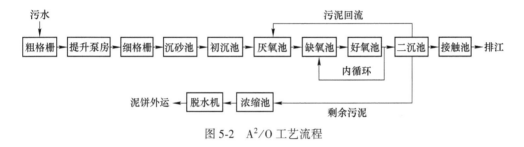

图 5-2 A^2/O 工艺流程

5.4 构筑物设计及计算

5.4.1 粗格栅

在泵前设置粗格栅是为了截留较大的悬浮物、纤维物质、漂浮物和固体颗粒物质，从而达到保护水泵、减轻对后续构筑物的处理负荷，防止阻塞排泥管道。被格栅截留的物质为栅渣，清渣的方式分为人工清渣和机械清渣。

5.4.1.1 设计参数

平均流量 $Q_{平均} = 0.93 \text{m}^3/\text{s}$；设计流量 $Q_{\max} = 1.20 \text{m}^3/\text{s}$；栅条宽度 $S = 0.010 \text{m}$；栅条间隙宽度 $b = 0.021 \text{m}$；过栅流速 $v = 0.9 \text{m/s}$；栅前渠道流速 $v_0 = 0.6 \text{m/s}$；栅前渠道水深 $h = 1.2 \text{m}$；格栅倾角 $\alpha = 60°$；数量：2 座；栅渣量：当格栅间隙为 $16 \sim 25 \text{mm}$ 时，$W = 0.10 \sim 0.05 \text{m}^3/10^3 \text{m}^3$ 污水；当格栅间隙为 $30 \sim 50 \text{mm}$ 时，$W = 0.03 \sim 0.1 \text{m}^3/10^3 \text{m}^3$ 污水。本例题格栅间隙为 21mm，取 $W = 0.07 \text{m}^3/10^3 \text{m}^3$ 污水。

5.4.1.2　设计计算

A　栅条间隙数 n

最大过栅流量：

$$Q_{max} = \frac{Q}{2} = \frac{104000\,\text{m}^3/\text{d}}{2} = 52000\,\text{m}^3/\text{d} = 2166.7\,\text{m}^3/\text{h} = 0.6019\,\text{m}^3/\text{s}$$

栅条间隙数：

$$n = \frac{Q_{max}\sqrt{\sin\alpha}}{bhv} = \frac{0.6019 \times \sqrt{\sin 60°}}{0.021 \times 1.2 \times 0.9} \approx 25 \text{ 个}$$

B　通过格栅的水头损失 h_1

$$h_1 = h_0 k \tag{5-1}$$

$$h_0 = \varepsilon \frac{v^2}{2g}\sin\alpha \tag{5-2}$$

$$\varepsilon = \beta\left(\frac{S}{b}\right)^{\frac{4}{3}} \tag{5-3}$$

式中　h_1——设计水头损失，m；

　　　h_0——计算水头损失，m；

　　　g——重力加速度，m/s²；

　　　k——系数，格栅受污物堵塞时水头损失增大倍数，一般采用3；

　　　ξ——阻力系数（见表5-2），与栅条断面形状有关，格栅断面为锐边矩形
　　　　　断面（$\beta = 2.42$）。

表 5-2　阻力系数 ξ 计算公式

栅条断面形状	公　式	说　明	
锐边矩形			2.42
迎水面为半圆形的矩形	$\xi = \beta\left(\dfrac{S}{b}\right)^{4/3}$	形状	1.83
圆形		系数 β	1.79
迎水、背水面均为半圆形的矩形			1.67
正方形	$\xi = \beta\left(\dfrac{b+S}{\xi b} - 1\right)^2$	ξ——收缩系数，一般采用 0.64	

根据式 (5-1)、式 (5-2)、式 (5-3) 可得：

$$h_1 = \beta\left(\frac{S}{b}\right)^{4/3} \times \frac{v^2}{2g}\sin\alpha \times k = 2.42 \times \left(\frac{0.01}{0.021}\right)^{4/3} \times \frac{0.9^2}{2 \times 9.8}\sin 60° \times 3 = 0.097\,\text{m}$$

h_1 取 0.1m。

C 栅槽总长度 L

（1）栅槽宽度：

$$B = S(n - 1) + bn + 0.2$$
$$= 0.01 \times (25 - 1) + 0.021 \times 25 + 0.2$$
$$= 0.24 + 0.525 + 0.2$$
$$= 0.965 \text{m}$$

栅槽宽度一般比格栅宽 $0.2 \sim 0.3$m，此处取 0.2m。

（2）进水渠道渐宽部分的宽度 L_1：

$$L_1 = \frac{B - B_1}{2\tan\alpha_1}$$

式中 L_1——进水渠道渐宽部分的长度，m；

B_1——进水渠宽；

α_1——进水渠道渐宽部分的展开角度，一般可采用 $20°$。

设进水渠宽 $B_1 = 0.65$m

$$L_1 = \frac{0.965 - 0.65}{2\tan 20°} \approx 0.43 \text{m}$$

（3）栅槽与出水渠道连接处的渐窄部分长度 L_2：

$$L_2 = \frac{L_1}{2} = \frac{0.43}{2} \approx 0.22 \text{m}$$

$$L = L_1 + L_2 + 1.0 + 0.5 + H_1/\tan\alpha$$

$$H_1 = h + h_2$$

式中 H_1——栅前渠道深，m；

h_2——格栅前渠道超高，一般取 $h_2 = 0.3$m。

$$H_1 = 1.2 + 0.3 = 1.5 \text{m}$$

$$L = 0.43 + 0.22 + 1.0 + 0.5 + 1.5/\tan 60° = 3.02 \text{m}$$

D 栅后槽的总高度 H

$$H = h + h_1 + h_2$$

式中 H——栅后槽总高度，m；

h_1——过栅水头损失，由计算确定。

代入式中可得

$$H = 1.2 + 0.1 + 0.3 = 1.6 \text{m}$$

E 渣量计算

栅渣量：

$$W = \frac{86400 Q_{\max} W_1}{1000 K_z} = \frac{86400 \times 1.204 \times 0.07}{1000 \times 1.30} = 5.6 \text{m}^3/\text{d} > 0.2 \text{m}^3/\text{d}$$

通过计算说明需要采用机械清渣的方式。

5.4.2　提升泵房

5.4.2.1　设计参数及要求

（1）泵房进水角度应小于 45°；

（2）集水池的有效容积需要至少满足污水泵 5min 的出水量；

（3）在满足有效容积的同时，集水池最高水位适宜采用与进水管渠的设计水位标高相平，集水池最高水位不应超过进水管顶部；

（4）集水池应确保水流流态的平稳良好，不应发生涡流或滞留；

（5）集水池标高可采用进水管底部标高以下 1.5~2.5m，集水坑深度以0.5~0.7m 为佳，坡度至少为 0.05；

（6）相邻两机组突出部分的间距和机组突出部分与墙壁的间距，都应当保证空间在水泵轴或电动转子在检修时能够便于拆卸，并不得小于 0.8m；

（7）水泵为自灌式，集水池与格栅、机器间合建的泵站。

5.4.2.2　集水池设计计算

经过格栅的水头损失 h_1 为 0.1m，进水管渠内水面标高设为 -2.5m。

粗格栅后的水面标高：

$$-2.5 - 0.1 = -2.6m$$

设集水池有效水深为 2m，集水池的最低工作水位为：

$$-2.6 - 2 = -4.6m$$

所需提升的最高水位为 7.8m，集水池最低工作水位与所提升最高水位之间的高差为：

$$7.8 - (-4.6) = 12.4m$$

5.4.2.3　泵房设计计算

（1）每台泵的设计流量 Q：

$$Q = \frac{Q_{max}}{4} = \frac{3333}{4} = 833 m^3/h$$

（2）扬程计算 H：

$$H = H_{静} + h_1 + h_2$$

式中　$H_{静}$——水泵集水池的最低水位与水泵水位的高差，设为 12.4m；

　　　h_1——泵站内在管线水头损失，m，设为 2m；

　　　h_2——自由水头，m，设为 1m。

$$H = H_{静} + h_1 + h_2 = 12.4 + 2 + 1 = 15.4m$$

5.4.3 细格栅

细格栅主要去除一些细小的颗粒及悬浮物，栅条间隙一般采用 1.5~10mm。

5.4.3.1 设计参数及要求

栅条宽度 $S = 0.010$m；栅条间隙宽度 $b = 0.010$m；过栅流速 $v = 0.9$m/s；栅前渠道流速 $v_0 = 0.6$m/s；栅前渠道水深 $h = 1.2$m；格栅倾角 $\alpha = 60°$，格栅断面为圆形；设计数量：2 座；栅渣量：0.03m^{3}栅渣/10^3m^{3}污水。

（1）每日栅渣量>0.2m^{3}时，采用机械清渣；

（2）为防止栅条间隙堵塞，过栅流速一般采用 0.1~1.0m/s，本例题过栅流速 $v = 0.9$m/s。

5.4.3.2 设计计算

A　栅条间隙数 n

栅条间隙数：$n = \dfrac{0.6019 \times \sqrt{\sin 60°}}{0.010 \times 1.2 \times 0.9} \approx 52$ 个

B　通过格栅的水头损失 h_1

$$h_1 = 1.79 \times \left(\frac{0.01}{0.01}\right)^{\frac{4}{3}} \times \frac{0.9^2}{2 \times 9.8}\sin 60° \times 3 = 0.192\text{mm}$$

h_1 取 0.2m。

C　栅槽总长度 L

（1）栅槽宽度：

$$B = 0.01 \times (52 - 1) + 0.01 \times 52 + 0.2 = 1.23\text{m}$$

（2）进水渠道渐宽部分的宽度 L_1：

设进水渠道宽 $B_1 = 0.8$m，其渐宽部分展开角度 $\alpha = 20°$

$$L_1 = \frac{1.23 - 0.8}{2\tan 20°} \approx 0.59\text{m}$$

（3）栅槽与出水渠道连接处的渐窄部分长度 L_2

$$L_2 = \frac{0.59}{2} \approx 0.295\text{m}$$

$$L = 0.59 + 0.295 + 1.0 + 0.5 + 1.5/\tan 60° = 3.25\text{m}$$

D　栅后槽的总高度 H

$$H = 1.2 + 0.2 + 0.3 = 1.7\text{m}$$

栅渣量：

$$W = \frac{86400 \times 1.204 \times 0.03}{1000 \times 1.30} = 2.4\text{m}^3/\text{d} > 0.2\text{m}^3/\text{d}$$

通过计算说明需要采用机械清渣的方式。

5.4.4 沉砂池

沉砂池的设置目的就是去除污水中泥砂、煤渣等相对密度较大的无机颗粒，从而避免影响后续处理构筑物的正常运行。沉砂池的设置能够及时对污水中的无机颗粒进行分离、去除，从而保证城镇污水处理厂的后续处理设施能够顺利运行，避免板结在反应池底部而导致反应器有效容积减小，避免曝气池中曝气器的堵塞和污泥输送管道的堵塞，甚至损坏污泥脱水设备的情况发生。

5.4.4.1 设计参数及要求（本例题选用平流式沉砂池）

（1）沉砂池的个数不应少于 2 个，并应按并联系列设计，当污水量较小时，可考虑一格工作，一格备用；

（2）沉砂池按去除相对密度大于 2.65、粒径大于 0.2mm 的砂粒设计；

（3）流量应按最大设计流量计算；在合流制处理系统中，应按合流流量计算；

（4）流量水平流速：最大流速应为 0.3m/s，最小流速应为 0.15m/s；最大设计流量时，污水在池内的停留时间不应少于 30s，一般采用 30~60s；

（5）设计有效水深不应大于 1.2m，一般采用 0.25~1.0m，每格宽度不宜小于 0.6m；

（6）城市污水的沉砂量可按 $10^6 m^3$ 污水沉砂 $30m^3$ 计算，其含水率为 60%，容重为 1500kg/m^3；

（7）砂斗容积按 2 天的沉砂量计算，斗壁倾角为 55°~60°；

（8）除砂一般宜采用机械方法。采用人工排砂时，排砂管直径不应小于 200mm；

（9）当采用重力排砂时，沉砂池和储砂池应尽量靠近，以缩短排砂管的长度，并设排砂闸门于管的首端，使排砂管畅通和易于养护管理；

（10）沉砂池的超高不宜小于 0.3m。

5.4.4.2 设计计算

示意图如图 5-3 所示。

A 沉砂池长度 L

$$L = vt$$

式中 v——最大设计流量时的流速，m/s，取 0.20m/s；

t——最大设计流量时的流行时间，s，取 50s。

$$L = vt = 0.20 \times 50 = 10m$$

B 水流断面面积 A

$$A = Q_{max}/v = 1.204/0.2 = 6.02m^2$$

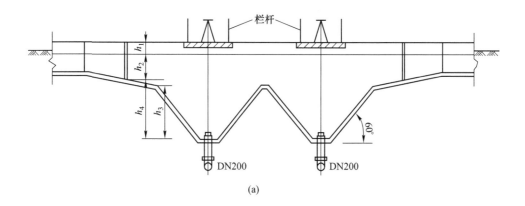

(a)

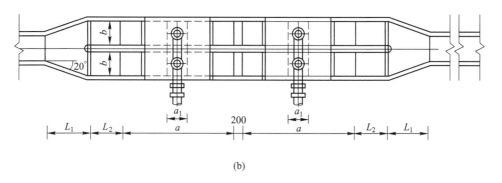

(b)

图 5-3 示意图

（a）剖面示意；（b）平面示意

C   池总宽度 B

$$B = nb$$

取 $n = 2$ 格，每格宽 $b = 3.0$m，则

$$B = n \times b = 2 \times 3.0 = 6.0\text{m}$$

D   有效水深 h_2

$$h_2 = \frac{A}{B} = \frac{6.02}{6.0} \approx 1.0\text{m}$$

E   沉砂斗容积 V

$$V = \frac{Q_{max}XT \times 86400}{K_z \times 10^6}$$

式中 X——城市污水沉砂量，$\text{m}^3/10^6\text{m}^3$（污水），一般采用 $30\text{m}^3/10^6\text{m}^3$；

        T——清除沉砂的间隔时间，d，取 2d。

$$V = \frac{Q_{max}XT \times 86400}{K_z \times 10^6} = \frac{1.204 \times 30 \times 2 \times 86400}{1.3 \times 10^6} = 4.80\text{m}^3$$

F 每个沉砂斗容积 V_0

设每一分格有 2 个沉砂斗, 共有 4 个沉砂斗, 则

$$V_0 = \frac{V}{2 \times 2} = \frac{4.8}{2 \times 2} = 1.2\text{m}^3$$

G 各沉砂斗尺寸

(1) 沉砂斗上口宽 a。

$$a = \frac{2h_3}{\tan60°} + a_1$$

式中, h_3 为斗高, m, 取 2.5m; a_1 为斗底宽, m, 取 1.0m; 斗壁与水平面的倾角取 60°。

$$a = \frac{2h_3}{\tan60°} + a_1 \approx 3.89\text{m}^3$$

(2) 沉砂斗容积 V_0。

$$V_0 = \frac{h_3}{6}(2a^2 + 2aa_1 + 2a_1^2) = \frac{2.5}{6} \times (2 \times 3.89^2 + 2 \times 3.89 \times 1.0 + 2 \times 1.0^2)$$
$$= 16.69\text{m}^3$$

(3) 沉砂室高度 h_4 (设池底坡度为 0.06)。

沉砂室由两部分组成: 沉砂斗以及沉砂池坡向沉砂斗的过渡部分, 沉砂室的宽度

$$L = 2(L_2 + a) + 0.2 = 10\text{m}$$

$$L_2 = \frac{L - 2a - 0.2}{2} = \frac{10 - 2 \times 3.89 - 0.2}{2} = 2.02\text{m}$$

$$h_4 = h_3 + 0.06L_2 = 2.5 + 0.06 \times 2.02 \approx 2.62\text{m}$$

H 沉砂池总高度 H

设超高 $h_1 = 0.3$,

$$H = h_1 + h_2 + h_4 = 0.3 + 1.0 + 2.62 = 3.92\text{m}$$

I 进出水装置

进水采用两个 DN800mm 管道进水; 出水采用薄壁出水堰跌落出水, 出水堰可保证沉砂池内的有效水位恒定。

堰上水头 H_2:

$$H_2 = \left(\frac{Q_{max}}{mb_2\sqrt{2g}}\right)^{\frac{2}{3}} = \left(\frac{1.204}{0.5 \times 6 \times \sqrt{2 \times 9.8}}\right)^{\frac{2}{3}} \approx 0.202\text{m}$$

式中　m——流量系数，一般取值为 0.4~0.5，取 0.5；

　　b_2——堰宽，m，设堰宽 $b_2 = B = 6m$。

污水经出水堰自由跌落 0.1m 后流入出水槽，出水槽设为 $B_2 = 1m$，水深设为 $H_3 = 1.2m$。流速为 v_2：

$$v_2 = \frac{Q_{max}}{B_2 H_3} = \frac{1.204}{1 \times 1.2} = 1.003 \text{m/s}$$

5.4.5　初沉池

5.4.5.1　设计参数及要求

（1）初沉池的超高至少为 0.3m；初沉池个数或分格数至少 2 座；

（2）初沉池的沉淀时间 t 不能少于 1h，本例中取 2h；有效水深 H 一般取值为 2~4m；当表面符合一定要求时，有效水深与沉淀时间之比是定值；沉淀池的缓冲层高度在 0.3~0.5m 范围内；

（3）污泥斗的斜壁与水平面的倾角，方斗不宜小于 60°，圆斗则不小于 55°；排泥管直径以大于 200mm 为佳；

（4）沉淀池的污泥当采用机械排泥时可以连续或间歇排泥；不用机械排泥时应每日排泥，初沉池的净水头要大于 1.5m；

（5）池子直径（本设计采用圆形）与有效水深的比值，一般为 6~12；池径不宜小于 16m；池底坡度一般采用 0.05~0.10；

（6）初沉池的污泥区容积应按不大于 2d 的污泥量进行计算；

（7）表面水力负荷一般采用 2.0~4.5m³/(m²·h)，本例题取 2m³/(m²·h)；

（8）在进水口周围应设置开口面积为过水断面面积 6%~20% 的整流板。

5.4.5.2　设计计算

A　沉淀部分水面面积 F

$$F = \frac{Q_{max}}{nq'} = \frac{4333}{2 \times 2} = 1083.25 \text{m}^2$$

式中　n——设计初沉池数量，取 2 个；

　　q'——表面水力负荷，取 2m³/(m²·h)。

B　池子直径 D

$$D = \sqrt{\frac{4F}{\pi}} = \sqrt{\frac{4 \times 1083.25}{\pi}} = 37.14 \text{m}$$

D 取 40m。

C　沉淀部分有效水深 h_2

$$h_2 = q't = 2 \times 2 = 4m$$

式中　t——沉淀时间，h，取2h。

D　沉淀部分有效容积 V'

$$V' = Fh_2 = 1083.25 \times 4 = 4333m^3$$

E　沉淀部分所需容积 V

$$V = \frac{SNT}{1000 \times 2} = \frac{0.5 \times 300000 \times 2}{1000 \times 2} = 150L$$

式中　S——每人每日污泥量，L/(人·d)，取0.5L/(人·d)；

　　　N——设计人口，人；

　　　T——两次清除污泥的时间间隔，d，取2d。

F　污泥斗容积 V_1

$$h_5 = \frac{D_1 - D_2}{2} \times \tan\alpha = \frac{4 - 2}{2} \times \tan60° = 1.73m$$

$$V_1 = \frac{\pi h_5}{3}\left[\left(\frac{D_1}{2}\right)^2 + \frac{D_1 D_2}{4} + \left(\frac{D_2}{2}\right)\right]^2 = \frac{\pi \times 1.73}{3} \times \left(2^2 + \frac{4 \times 2}{4} + 1^2\right) = 12.68m$$

式中　h_5——污泥斗高度，m；

　　　α——污泥斗倾角，取60°；

　　　D_1——污泥斗上部半径，m，取4m；

　　　D_2——污泥斗下部半径，m，取2m。

G　污泥斗以上圆锥部分污泥容积 V_1'

$$h_4 = \frac{D - D_1}{2}i = \frac{40 - 4}{2} \times 0.05 = 0.9m$$

$$V_1' = \frac{\pi h_4}{3}\left[\left(\frac{D}{2}\right)^2 + \frac{DD_1}{4} + \left(\frac{D_1}{2}\right)^2\right] = \frac{\pi \times 0.9}{3} \times (20^2 + 40 + 4) = 418.5m^3$$

式中　i——池底坡度，取0.05；

　　　h_4——池底落差，m。

H　沉淀池池边高度 H'

$$H' = h_1 + h_2 + h_3 = 0.5 + 4 + 0.5 = 5m$$

式中　h_1——池子超高，m，取0.5m；

　　　h_3——缓冲层高，m，取0.5m。

I　沉淀池总高度 H

$$H = h_1 + h_2 + h_3 + h_4 + h_5 = 0.5 + 4 + 0.5 + 0.9 + 1.73 = 7.63m$$

5.4.6　A^2/O 工艺

5.4.6.1　设计参数及要求

（1）生物滤池的水力停留时间应满足 GB 50014—2006 介于 7~14h 的要求。

（2）A^2/O 除磷工艺的泥龄一般以 3.5~10d 为宜。

（3）便于在常规活性污泥工艺基础上改造成 A^2/O 除磷工艺。

（4）一般处理城镇污水除磷率在 75% 左右。

5.4.6.2　设计计算

A　好氧池的容积

根据 GB 50014—2006，A^2/O 工艺生物反应池好氧区容积按下式计算：

$$V_0 = \frac{Q(S_0 - S_e)Y_t\theta_{CO}}{1000X}$$

式中　V_0——曝气池有效容积，m^3；

　　　Q——曝气池设计流量，m^3/d，取 $80000m^3/d$；

　　　S_0——进水 BOD_5 浓度，mg/L，取 150mg/L；

　　　S_e——出水 BOD_5 浓度，mg/L，取 30mg/L；

　　　Y_t——污泥总产率系数，kg/kg。该值受微生物内源呼吸的影响，污泥总产率系数与污泥龄有关，污泥龄短时取较大值，污泥龄长时取较小值。此处设计出水氨氮值较低，污泥龄较长，因此取 0.4kgMLSS/kgBOD$_5$；

　　　θ_{CO}——设计污泥泥龄，d，$\theta_{CO} = F(1/\mu)$；

　　　F——安全系数，取值范围为 1.5~3.0，此处取 3.0；

　　　μ——硝化菌比生长速率，d^{-1}。

$$\mu = 0.47 \times \frac{N_a}{K_n + N_a} \times e^{0.098 \times (T-15)} = 0.47 \times \frac{8}{1+8} \times e^{0.098 \times (10-15)} \approx 0.26 d^{-1}$$

$$\theta_{CO} = F \times \frac{1}{\mu} = 3 \times \frac{1}{0.26} = 11.54 \approx 12d$$

$$V_0 = \frac{Q(S_0 - S_e)Y_t\theta_{CO}}{1000X} = \frac{80000 \times (150-30) \times 0.4 \times 12}{1000 \times 3.3} = 13964 m^3$$

式中　N_a——好氧区中氨氮浓度，mg/L，此处按冬季低水温计算，取 8mg/L；

　　　K_n——氨氮硝化的半速率常数，mg/L，此处取 1.0mg/L；

　　　X——生物反应池内混合液悬浮固体平均浓度，g/L，此处 X 取 3.3g/L。

B　缺氧区的容积

根据 GB 50014—2006，A^2/O 工艺生物反应池缺氧区容积按下式计算：

$$V_n = \frac{0.001Q(N_K - N_{te}) - 0.12\Delta X_V}{K_{de}X}$$

$$\Delta X_V = \frac{yY_tQ(S_0 - S_e)}{1000}$$

$$K_{de} = K_{de(20)} \times 1.08^{t-20}$$

式中 V_n——缺氧区容积，m^3；

      Q——缺氧区设计流量，m^3/d，取 $80000m^3/d$；

      N_k——生物反应池进水总氮浓度，mg/L，此处取 $35mg/L$；

    N_{te}——生物反应池出水总氮浓度，mg/L，此处取 $15mg/L$；

   ΔX_V——排出生物反应池系统的微生物量，kg/d；

      Y_t——污泥总产率系数，kg/kg，此处取 $0.4kg/kg$；

      y——MLSS 中 MLVSS 所占比例，此处取 0.7；

$K_{de(20)}$——$20℃$时的脱氮速率，$kg/(kg \cdot d)$，此处取 $0.06kg/(kg \cdot d)$；

      t——缺氧区内污水温度，$℃$，此处取 $13℃$。

$$\Delta X_V = \frac{yY_tQ(S_0 - S_e)}{1000} = \frac{0.7 \times 0.4 \times 80000 \times (150 - 30)}{1000} = 2688kg/d$$

$$K_{de} = K_{de(20)} \times 1.08^{t-20} = 0.06 \times 1.08^{13-20} = 0.0351kg/(kg \cdot d)$$

$$V_n = \frac{0.001Q(N_k - N_{te}) - 0.12\Delta X_V}{K_{de}X}$$

$$= \frac{0.001 \times 80000 \times (35 - 15) - 0.12 \times 2688}{0.0351 \times 3.3}$$

$$= 11029 \ m^3$$

C 厌氧区的容积

根据 GB 50014—2006，A^2/O 工艺生物反应池厌氧区容积按下式计算：

$$V_p = \frac{t_pQ}{24}$$

式中 V_p——厌氧池的容积，m^3；

      Q——厌氧池设计流量，m^3/d，取 $80000m^3/d$；

      t_p——厌氧池的水力停留时间，h，此处取 $2h$。

$$V_p = \frac{t_pQ}{24} = \frac{2 \times 80000}{24} = 6667m^3$$

D 生物池水力停留时间

$$\frac{24 \times V_0}{Q} = \frac{24 \times 13964}{80000} = 4.190h$$

$$\frac{24 \times V_n}{Q} = \frac{24 \times 11029}{80000} = 3.309h$$

$$\frac{24 \times V_p}{Q} = \frac{24 \times 6667}{80000} = 2.000h$$

$$HRT = \frac{24(V_0 + V_n + V_p)}{Q} = 4.190 + 3.309 + 2.001 \approx 9.5h$$

E 剩余污泥量 W

污水处理生成污泥量（干重）W_1

$$W_1 = \frac{YQ(S_0 - S_e)}{1000} = \frac{0.6 \times 80000(150 - 30)}{1000} = 5760kg/d$$

内源呼吸作用分解的污泥 W_2

$$X_r = \frac{MLVSS}{MLSS}X = 0.7 \times 3300 = 2310mg/L$$

$$W_2 = \frac{K_d X_r V_0}{1000} = \frac{0.05 \times 2310 \times 13964}{1000} = 1613kg/d$$

式中　Y——污泥增值系数，取 0.6；

　　K_d——污泥自身氧化率，取 0.05；

不可生物降解和惰性的悬浮物（干重）W_3

$$W_3 = \frac{(SS - SS_e) \times 45\%}{1000} \times Q = \frac{(200 - 30) \times 45\%}{1000} \times 80000 = 6120kg/d$$

$$W = W_1 - W_2 + W_3 = 5760 - 1613 + 6120 = 10267kg/d$$

F 污泥回流比

污泥容积指数 SVI 取 150，污泥在沉淀池中停留时间、池深、污泥厚度等因素的系数 r 取 1.2。

$$X_R = \frac{10^6}{SVI} \times r = 8000mg/L$$

$$R = \frac{X}{X_R - X} \times 100\% = \frac{3.3 \times 1000}{8000 - 3.3 \times 1000} \times 100\% = 70.2\%$$

回流污泥量 Q_R

$$Q_R = Q \times R = 80000 \times 70.2\% = 56160 \, m^3/d = 2340 \, m^3/h$$

设回流污泥泵房 1 座，内设 4 台潜污泵（其中 2 台为备用）。每台潜污泵流量

$$Q_{R单} = \frac{1}{2} Q_R = \frac{1}{2} \times 2340 = 1170m^3/h$$

G　混合液回流比 R_i

$$Q_{Ri} = 1000 \times \frac{V_n X K_{de}}{N_{te} - N_{ke}} - Q_R$$

式中　Q_{Ri}——混合液回流量，m^3/d；

　　　N_{te}——生物反应池出水总氮浓度，mg/L，本例取 15mg/L；

　　　N_{ke}——生物反应池出水凯氏氮浓度，mg/L，本例取 8mg/L；

　　　Q_R——回流污泥量，m^3/d。

$$Q_{Ri} = 1000 \times \frac{V_n X K_{de}}{N_{te} - N_{de}} - Q_R = \frac{11029 \times 3.3 \times 1000 \times 0.0351}{15 - 8} - 56160$$

$$= 126339 m^3/d$$

$$R_i = \frac{Q_{Ri}}{Q} \times 100\% = \frac{126339}{80000} \times 100\% \approx 158\%$$

$$Q_R = R_i \times Q = 158\% \times 80000 = 126400 m^3/d = 5267 m^3/h$$

H　生物反应池进出水系统计算

（1）进水管渠设计计算。

管道过水面积 A：

$$A = \frac{Q_{max}}{v} = \frac{1.2}{0.8} = 1.5 m^2$$

进水管截面直径 d：

$$d = \sqrt{\frac{4A}{\pi}} = \sqrt{\frac{4 \times 1.5}{\pi}} = 1.3 m$$

（2）污泥回流管设计计算。

$$Q_R = 5267 \ m^3/h = 1.463 m^3/s$$

管道过水面积 A：

$$A = \frac{Q_R}{v} = \frac{1.463}{1.2} = 1.22 m^2$$

式中　v——管道平均流速，m/s，取 1.2m/s。

$$d = \sqrt{\frac{4A}{\pi}} = \sqrt{\frac{4 \times 1.22}{\pi}} = 1.25 m$$

5.4.7　二沉池

二沉池的处理对象是对污水中的以微生物为主体的相对密度小的，且因水流作用易发生上浮的固体悬浮物进行沉淀分离，本例题采用辐流式沉淀池做设计计算。

5.4.7.1 设计参数及要求

（1）考虑沉淀污泥发生腐败，设置刮泥、排泥设备，及时排泥。

（2）出水堰单位堰长的流量不能超过 $5 \sim 8 \mathrm{m}^3 / (\mathrm{m} \cdot \mathrm{h})$。

（3）中心管中的下降流速不应超过 $0.03 \mathrm{m/s}$。

（4）污泥兜底坡与水平夹角不应小于 $50°$。

（5）注意溢流设备的布置以防止污泥上浮出流而导致处理水恶化。

5.4.7.2 设计计算

采用 $n = 4$ 座周边进水周边出水辐流式二沉池。

A   二沉池面积 A

$$A = \frac{Q}{nq_0 \times 24}$$

式中 A——单个二沉池的面积，m^2；

   Q——进入二沉池的混合液流量，$\mathrm{m}^3 / \mathrm{d}$；

   q_0——二沉池表面水力负荷，$\mathrm{m}^3 / (\mathrm{m}^2 \cdot \mathrm{h})$，取 $2.0 \mathrm{m}^3 / (\mathrm{m}^2 \cdot \mathrm{h})$。

$$A = \frac{Q}{nq_0} = \frac{(1 + 1.58) \times 80000}{4 \times 2 \times 24} = 1075 \mathrm{m}^2$$

B   二沉池池径 D

每座二沉池的池径：

$$D = \sqrt{\frac{4 \times A}{\pi}} = 37 \mathrm{m}$$

C   沉淀部分有效水深 h_2

$$h_2 = q_0 T = 2 \times 2 = 4 \mathrm{m}$$

式中 T——沉淀时间，h，取 $2\mathrm{h}$。

D   沉淀部分有效容积 V

$$V = \frac{\pi D^2}{4} \times h_2 = \frac{\pi \times 37^2}{4} \times 4 = 4301 \mathrm{m}^3$$

E   沉淀部分所需容积 V_1

$$V_1 = \frac{4(1 + R)QX}{(X + X_R) \times 24} = \frac{4 \times (1 + 1.58) \times 80000 \times 3300}{(3300 + 8000) \times 24} = 10046 \mathrm{m}^3$$

F   污泥斗有效容积 V_2

$$h_5 = (r_1 - r_2)\tan\alpha$$

式中 h_5——污泥斗高度，m；

α——污泥斗倾角（°），取60°；

r_1——污泥斗上部半径，m，取2m；

r_2——污泥斗下部半径，m，取1m。

$$h_5 = (r_1 - r_2)\tan\alpha = (2 - 1)\tan 60° = 1.73$$

$$V_2 = \frac{\pi h_5}{3}(r_1^2 + r_1 r_2 + r_2^2) = \frac{\pi \times 1.73}{3} \times (2^2 + 2 \times 1 + 1^2) = 12.68\text{m}^3$$

G　污泥斗以上圆锥部分的容积 V_3

$$h_4 = \left(\frac{D}{2} - r_1\right)i = \left(\frac{37}{2} - 2\right) \times 0.05 = 0.825\text{m}$$

$$V_3 = \frac{\pi h_4}{3}(R^2 + Rr_1 + r_1^2) = \frac{\pi \times 0.825}{3} \times (18.5^2 + 18.5 \times 2 + 2^2) = 332\text{m}^3$$

式中　i——池底坡度，取0.05；

　　　h_4——池底落差，m。

H　沉淀池周边有效水深 H_0

$$H_0 = h_2 + h_3 + h_5 = 4 + 0.5 + 0.5 = 5\text{m}$$

式中　h_3——缓冲层高度，m，取0.5m；

　　　h_5——刮泥板高度，m，取0.5m。

I　沉淀池总高度 H

$$H = H_0 + h_1 + h_4 = 5 + 0.3 + 0.825 = 6.125\text{m}$$

式中　h_1——沉淀池超高，m，取0.3m；

J　二沉池出水系统设计计算

二沉池单池进水流量：

$$Q_单 = \frac{Q_{\max}}{n} = \frac{1.2}{4} = 0.3\text{m}^3/\text{s}$$

管道过水断面 A：

$$A = \frac{Q_单}{v} = \frac{0.3}{1} = 0.3\text{m}^2$$

式中　v——进水管道平均流速，m/s，取1m/s；

进水管径 d：

$$d = \sqrt{\frac{4A}{\pi}} = \sqrt{\frac{4 \times 0.3}{\pi}} = 0.62\text{m}$$

取0.7m，$DN = 700$mm。

K　配水系统设计计算

配水井中心管径 D_1：

$$D_1 = \sqrt{\frac{4Q_{\max}}{\pi v_1}} = \sqrt{\frac{4 \times 1.2}{\pi \times 1}} = 1.24\text{m}$$

式中 v_1——中心管道平均流速，m/s，取 1m/s。

配水井直径 D_2：

$$D_2 = \sqrt{\frac{4Q_{\max}}{\pi v_2} + D_1^2} = \sqrt{\frac{4 \times 1.2}{\pi \times 0.5} + 1.24^2} = 2.15\text{m}$$

式中 v_2——配水井内水流速度，m/s，取 0.5m/s。

集水井直径 D_3：

$$D_3 = \sqrt{\frac{4Q_{\max}}{\pi v_3} + D_2^2} = \sqrt{\frac{4 \times 1.2}{\pi \times 0.3} + 2.15^2} = 3.12\text{m}$$

式中 v_3——集水井内水流速度，m/s，取 0.3m/s。

配水井中心管的污水通过薄壁堰流到配水井，薄壁堰的过流量：

$$b = \pi D_1 = \pi \times 1.24 = 3.9\text{m}$$

$$Q_{\max} = mb\sqrt{2g}\, H^{\frac{3}{2}}$$

式中 m——薄壁堰的流量系统，取 0.45m；

b——堰宽，m；

H——堰上水头，m。

$$H = \left(\frac{Q_{\max}}{mb\sqrt{2g}}\right)^{\frac{2}{3}} = \left(\frac{1.2}{0.45 \times 3.9 \times \sqrt{2 \times 9.8}}\right)^{\frac{2}{3}} = 0.3\text{m}$$

L   二沉池出水系统设计计算

出水堰周长 C：

$$C = \pi(D - 2b_1) = \pi \times (37 - 2 \times 0.2) = 115\text{m}$$

式中 b_1——出水槽宽度，m，取 0.2。

所需三角堰的个数 n：

$$n = \frac{C}{b_1 + b_2} = \frac{115}{0.16 + 0.1} = 443\ \text{个}$$

式中 b_1——三角堰顶宽，m，取 0.16m；

b_2——三角堰堰顶间距，m，取 0.1m。

出水槽高度 H_b：

$$Q_a = \frac{1.2}{2 \times 4} = 0.15\ \text{m}^3/\text{s}$$

$$H_b = 1.73 \times \left(\frac{Q_a^2}{9.18b_1^2}\right)^{\frac{1}{3}} + h_0 = 1.73 \times \left(\frac{0.15^2}{9.18 \times 0.2^2}\right)^{\frac{1}{3}} + 0.2 = 0.4\text{m}$$

式中　Q_a——出水槽流量，m^3/s；

　　　　h_0——出水槽超高，m，取 0.2。

出水管管径 D：

$$D = \frac{4 \times Q_{max}}{2 \times \pi v} = \frac{4 \times 1.2}{2 \times \pi \times 1} = 0.77m$$

取 $DN = 800mm$。

5.4.8　消毒池

城镇污水经过二级处理后，水质改善，细菌含量大幅度减少，但细菌的绝对值仍很可观，并存在病原菌的可能，为防止对人类健康产生危害和对生态造成污染，在污水排入水体前应进行消毒。选择消毒剂是影响工程投资和运行成本的重要因素，也是保证出水水质的关键，本例题采用液氯消毒工艺设计计算。

5.4.8.1　设计参数及要求

设投氯量按照 7mg/L 计算，仓库储量按照 20 天计算。

5.4.8.2　设计计算

A　加氯量 G

$$G = \frac{7}{1000} \times 80000 = 23.4kg/h = 560kg/d$$

B　储氯量 $W_{储}$

$$W_{储} = 20 \times G = 11200kg$$

C　加氯机和氯瓶

采用投加量为 0~20kg/h 加氯机 3 台，其中一个设为备用。液氯的储存选用容量为 1000kg 的钢瓶，共 12 只。

5.4.9　接触池

接触池的作用是保证水与消毒剂有充分的接触时间，使消毒剂发挥作用，达到预期的杀菌效果，设计合理的接触池应使污水的每个分子都有相同的停留时间。当采用不同的消毒方法时，接触池的停留时间、形式也不同。

5.4.9.1　设计参数及要求

设廊道式接触反应池 1 座，水力停留时间 t 为 30min，廊道水流速度 v 为 0.2m/s。

5.4.9.2　设计计算

A　接触池容积

$$V = Qt = 1.2 \times 30 \times 60 = 2160m^3$$

B 接触池表面积

设接触池平均水深为 2.5m,

$$F = \frac{V}{h} = \frac{2160}{2.5} = 864\text{m}^2$$

C 廊道宽

$$b = \frac{Q}{hv} = \frac{1.2}{2.5 \times 0.2} = 2.4\text{m}$$

D 接触池宽

设采用 10 块隔板,则为 11 个廊道,廊道间隔 2m,

$$B = 11 \times 2 = 22\text{m}$$

E 接触池长度

$$L = \frac{F}{B} = \frac{864}{22} = 39.3\text{m}(\text{取} 40\text{m})$$

5.4.10 计量槽

污水处理厂应设置计量设施来统计污水处理厂运行过程中的污水量、污泥量、动力耗量的变化。本例题采用巴氏计量槽进行计量统计。

设计计算如下所述。

A 上游渠道

上游渠道流速 v 取 1m/s,水深 H_1 取 0.8m。

上游渠道宽度:

$$B_1 = \frac{Q_{\max}}{vH_1} = \frac{1.2}{1 \times 0.8} = 1.5\text{m}$$

上游渠道长度:

$$L_1 = 2.5B_1 = 2.5 \times 1.5 = 3.75\text{m}$$

B 计量槽基本尺寸

咽喉宽度 $W_{宽}$(计量槽咽喉宽度取渠道宽度的 0.57 倍):

$$W_{宽} = 0.57 B_1 = 0.57 \times 1.5 = 0.855\text{m}$$

(1)校核上游渠道宽度 B_1。

$$B_1 = 1.2W_{宽} + 0.48 = 1.2 \times 0.855 + 0.48 = 1.5\text{m}$$

(2)渐扩段出口宽度 B_2。

$$B_2 = W_{宽} + 0.3 = 0.855 + 0.3 = 1.155\text{m}$$

(3)下游渠道水深 H_2(下游与上游的水深比取 0.6)。

$$H_2 = 0.6H_1 = 0.6 \times 0.8 = 0.48\text{m}$$

（4）上游渐缩段长度 C。

$$C = 0.5W_宽 + 1.2 = 0.5 \times 0.855 + 1.2 = 1.63m$$

（5）上游水位观测孔位置 D。

上游渐缩段渠道壁长度：

$$A = \sqrt{\left(\frac{B_1 - W_宽}{2}\right)^2 + C^2} = \sqrt{\left(\frac{1.5 - 0.855}{2}\right)^2 + 1.63^2} = 1.66m$$

水位观测孔位置：

$$D = \frac{2}{3}A = \frac{2}{3} \times 1.66 = 1.11m$$

（6）巴氏槽长度。咽喉段长度1.0m，下游渐扩段长度1.3m，巴氏槽总长度 L_2：

$$L_2 = C + 0.9 + 1.2 = 1.63 + 1.0 + 1.3 = 3.93m$$

下游渠道长度：

$$L_3 = 5B_1 = 5 \times 1.5 = 7.5m$$

上下游渠道及巴氏槽总长度：

$$L = L_1 + L_2 + L_3 = 3.75 + 3.93 + 7.5 = 15.28m$$

5.4.11 污泥浓缩池

污泥浓缩的目的在于去除污泥颗粒间的空隙水，以减少污泥体积，为污泥的后续处理提供便利条件。

5.4.11.1 设计参数及要求

（1）污泥为初次污泥时，其进泥含水率为95%~97%；当为剩余污泥时，其含水率一般是在99.2%~99.6%，经污泥浓缩后含水率一般是97%~98%。

（2）浓缩停留时间最好在10~18h，防止污泥厌氧腐化。池底面倾斜度很小，为圆锥形沉淀池，池底坡度为1%~10%。

（3）有效水深至少为3m，一般设计取4m。

（4）污泥固体负荷一般选用30~60kg/（m² · d）。

（5）当采用定期排泥时，两次排泥时间一般采用8h。

（6）浓缩池的上清液应该重新回流至初沉池进行处理。

（7）池子直径与有效水深之比小于3，池子直径一般取值4~7m，不宜超过8m。

（8）污泥池一般都会散发臭气，在设计的时候可以根据其他的设计经验考虑设置防臭或者隔臭措施。

5.4.11.2 设计计算

（1）进入浓缩池的剩余污泥量 q。

$$q = \frac{W}{1000 \times (1 - \rho)} = \frac{10267}{1000 \times (1 - 99.2\%)} = 1283.38m^3/d = 53.5m^3/h$$

式中 ρ ——污泥含水率，取 99.2%。

（2）浓缩池的有效容积 V_1。

$$V_1 = qt = 53.5 \times 10 = 535 \text{m}^3$$

式中 t ——浓缩时间，h，取 10h。

（3）浓缩池有效面积 A。

$$A = \frac{V_1}{h_2} = \frac{535}{4} = 133.75 \text{m}^2$$

式中 h_2 ——浓缩池的有效水深，m，取 4m。

如设计采用 4 个浓缩池，则每个浓缩池的面积：

$$A_1 = \frac{133.75}{4} = 33.5 \text{m}^2$$

（4）浓缩池直径 D。

$$D = \sqrt{\frac{4 A_1}{\pi}} = \sqrt{\frac{4 \times 33.5}{\pi}} = 6.53 \text{m}$$

（5）所需贮泥部分容积 V_2。

$$V_2 = \frac{q(1 - \rho_1)}{1 - \rho_2} t_1 = \frac{53.5 \times (1 - 99.2\%)}{1 - 96\%} \times 2 = 21.4 \text{m}^3$$

（6）污泥斗容积 V_3。

$$h_4 = (r_1 - r_2)\tan\alpha = (1.5 - 1) \times \tan 60° = 0.87 \text{m}$$

$$V_3 = \frac{\pi h_4}{3}(r_1^2 + r_1 r_2 + r_2^2) = \frac{\pi \times 0.87}{3} \times (1.5^2 + 1.5 \times 1 + 1^2) = 4.33 \text{m}^3$$

式中 h_4 ——污泥斗高度，m；

r_1 ——污泥斗上部半径，m，取 1.5m；

r_2 ——污泥斗下部半径，m，取 1m；

α ——污泥斗倾角，取 60°。

（7）污泥斗以上圆锥部分的容积 V_4。

$$h_5 = (R - r_1)i = \left(\frac{6.53}{2} - 1.5\right) \times 0.05 \approx 0.1 \text{m}$$

$$V_4 = \frac{\pi h_5}{3}(R^2 + R r_1 + r_1^2) = \frac{\pi \times 0.1}{3} \times \left(\left(\frac{6.53}{2}\right)^2 + \frac{6.53}{2} \times 1.5 + 1.5^2\right) \approx 1.9 \text{m}^3$$

式中 i ——池底坡度，取 0.05；

R ——沉淀池的半径，m；

h_5 ——池底落差，m。

（8）浓缩池总高度 H。

$$H = h_1 + h_2 + h_3 + h_4 + h_5 = 0.3 + 4 + 0.3 + 0.87 + 0.1 = 5.57 \text{m}$$

式中 h_1 ——浓缩池超高，取 0.3m；

h_3——缓冲层超高，取 0.3m。

（9）浓缩后剩余污泥量 Q_1。

$$Q_1 = q\frac{1-\rho_1}{1-\rho_2} = 53.5 \times \frac{1-99.2\%}{1-96\%} = 10.7\text{m}^3/\text{h}$$

每个浓缩池浓缩后的污泥量 q_1：

$$q_1 = \frac{Q_1}{4} = \frac{10.7}{4} = 2.68\text{m}^3/\text{h}$$

（10）浓缩后分离出上清液的流量 Q_2：

$$Q_2 = \frac{q(\rho_1-\rho_2)}{1-\rho_2} = \frac{53.5 \times (99.2\%-96\%)}{1-96\%} = 42.8\text{m}^3/\text{h}$$

每个浓缩池浓缩后的污泥量 q_2：

$$q_2 = \frac{Q_2}{4} = \frac{42.8}{4} = 10.7\text{m}^3/\text{h}$$

5.4.12　脱水机房

脱水前污泥含水率为96%，设脱水后污泥含水率按60%计算。污泥脱水形成泥饼往垃圾填埋厂填埋处理，脱除的水分返回处理前端处理。

（1）脱水后污泥量 M。

$$Q = Q_0\frac{1-\rho_3}{1-\rho_4} = 10.7 \times \frac{1-96\%}{1-60\%} = 1.07\text{m}^3/\text{h}$$

$$M = Q(1-\rho_4) \times 1000 = 1.07 \times (1-60\%) \times 1000 = 428\text{kg/h}$$

式中　ρ_3——脱水前污泥含水率，取96%；

　　　ρ_4——脱水后污泥含水率，取60%；

　　　Q_0——设计污泥量，m^3/h，取 $10.7\text{m}^3/\text{h}$；

　　　M——脱水后污泥重量，kg/h。

（2）均质池有效容积 V。

$$V = Q_0T = 10.7 \times 12 = 128.4\text{m}^3$$

式中　T——水力停留时间，h，取12h。

（3）均质池的有效面积 F。

$$F = \frac{V}{H} = \frac{128.4}{4} = 32.1\text{m}^2$$

式中　H——均质池的有效水深，m，取4m。

（4）均质池直径 D。

$$D = \sqrt{\frac{4F}{\pi}} = \sqrt{\frac{4 \times 32.1}{\pi}} = 6.4\text{m}$$

5.5　平　面　布　置

5.5.1　原则

平面布置是指对各个单元处理构筑物与辅助设施等相对位置进行平面布置，包括处理构筑物、各种管线、道路、绿化等。污水处理厂的平面布置应当满足以下原则：

（1）构筑物之间的管线应当避免迂回曲折；构筑物应按顺序布置，充分利用原有地形，做到土方量平衡。

（2）处理构筑物与生活、管理设施应分别集中布置，并且需要保持一定距离。功能区分应明确，配置得当。

（3）处理构筑物之间的距离应满足施工要求，做到检修及操作运行方便。

（4）应设置超越全部处理构筑物的超越管、单元处理构筑物之间的超越管以及单元构筑物的放空管道，用来应对事故的发生和检修的需要。并联运行的处理构筑物系统之间可以考虑设置可切换的连通管渠。

（5）污水处理厂内给水、污水、雨水管道及电气埋管等管线应全面，避免管线之间相互干扰（可设置管廊）。

（6）为了满足物品运输、日常操作管理以及检修的需要，需要设置通向各构筑物和附属建筑物之间的必要通道。

（7）构筑物布置应注意将排放异味、有害气体的构筑物布置在居住与办公场所的下风向；建筑物布置应考虑主导风向，以便保证良好的自然通风条件。

（8）应当注意一些产生噪声和污染气体的构筑物对周围环境的影响。

（9）处理厂的绿化面积需要占污水处理厂总面积的30%以上。

5.5.2　构筑物平面布置

按照功能可以将污水处理厂分成三个区域，如下所述。

（1）污水处理区。包括：粗格栅间、泵房、细格栅间、沉砂池、初沉池、A^2/O 生物反应池、二沉池、消毒间、巴氏计量槽。

（2）污泥处理区。考虑处理过程中的气味，该区域设置在位于厂区主导风向的下风向，包括污泥浓缩池、污泥泵房、污泥脱水机房。

（3）厂区人员生活区。该区是将综合楼、停车场、宿舍、仓库等建筑物组合在一起，布置在厂区夏季主导风向的上风向。

5.5.3　排水系统布置

厂区排水管道系统包括构筑物上清液和溢流管、构筑物放空管、各建筑物的排水管、厂区雨水管。排水管道中的水质需要直接排放，必须能达到水质排放要求，如果未满足排放要求，需要把它们收集后接入泵前集水池对它们进行污水处理。

5.5.4　厂区道路布置

由厂外道路与厂内综合楼连接的路为厂区主道路，道宽 10m，设双侧 2m 的人行道，并植树绿化。厂区内各主要构筑物环状布置。车行道，道宽 10m。

5.5.5　污水处理厂其他建筑平面布置

除主要构筑物外，对厂区其他辅助性建筑进行尺寸规定。综合办公楼设计为 50m×40m，宿舍设计为 20m×15m，在厂区内还有道路系统、室外照明系统和美化的绿地设施。

5.6　高 程 布 置

高程设计的任务是对各个单元处理构筑物与辅助设施等相对高程作竖向布置，使污水能够顺利地沿处理流程在构筑物之间流动。污水处理厂的工程造价、运行费用、维护管理及运行操作等将直接由高程的布置影响。污水处理厂的高程布置应当满足以下原则：

（1）尽量采用重力流，以降低能耗。一般进厂污水只经过一次提升（中间一般不再加压提升），从而达到依靠重力通过整个处理系统。

（2）在进行水力计算时应以近期流量水泵最大流量作为设计流量；远期流量的灌渠和设施，应按远期设计流量进行计算，并预留贮备水头。

（3）为了不会因为水头不够而导致涌水，从而影响构筑物正常运行，在进行水力计算时应留有余地，应选择距离最长、水头损失最大的流程进行水力计算。

（4）尽量减少污泥处理流程的提升，污泥处理设施排出的废水能够依靠重力流流入集水井或调节池。

（5）设置调节池的污水处理厂，调节池采用半地下式或地下式最佳。

（6）出水管渠高程，应当使最后一个处理构筑物的出水能自流或经过提升后排出，而不受水体顶托。

参考文献

[1] 刘振江，崔玉川．城市污水厂处理设施设计计算 [M]．3 版．北京：化学工业出版社，2017．

[2] 崔玉川，等．给水厂处理设施设计计算 [M]．2 版．北京：化学工业出版社，2012．

[3] 李海，等．城市污水处理技术及工程实例 [M]．北京：化学工业出版社，2002．

[4] 杨岳平，等．废水处理工程及实例分析 [M]．北京：化学工业出版社，2003．

[5] 冯生华．城市中小型污水处理厂的建设与管理 [M]．北京：化学工业出版社，2001．

[6] 高俊发，等．污水处理厂工艺设计手册 [M]．北京：化学工业出版社，2003．

[7] 卜秋平，等．城市污水处理厂的建设与管理 [M]．北京：化学工业出版社，2002．

[8] 李旭东，等．废水处理技术及工程应用 [M]．北京：机械工业出版社，2003．

[9] 徐新阳，等．污水处理工程设计 [M]．北京：化学工业出版社，2003．

[10] 崔玉川，等．城市污水回用深度处理设施设计计算 [M]．北京：化学工业出版社，2003．

[11] 袁懋梓，译．污水处理的氧化沟技术 [M]．北京：中国建筑工业出版社，1998．

[12] 顾国维，何义亮．膜生物反应器在污水处理中的研究和应用 [M]．北京：化学工业出版社，2002．

[13] 唐受印，等．水处理工程师手册 [M]．北京：化学工业出版社，2000．

[14] 汪大晕，雷乐成．水处理新技术及工程设计 [M]．北京：化学工业出版社，2001．

[15] 张自杰，等．废水处理理论与设计 [M]．北京：中国建筑工业出版社，2003．

[16] 国家环保总局科技标准司．城市污水处理及污染防治技术指南 [M]．北京：中国环境科学出版社，2001．

[17] 刘雨，等．生物膜法污水处理技术 [M]．北京：中国建筑工业出版社，2000．

[18] 宋志伟，李燕．水污染控制工程 [M]．徐州：中国矿业大学出版社，2013．

[19] 中华人民共和国国家标准《室外排水设计规范》GB 50014—2006．北京：中国计划出版社，2006．

[20] 韩洪军．污水处理构筑物设计与计算 [M]．哈尔滨：哈尔滨工业大学出版社，2002．

[21] 孙力平，等．污水处理新工艺与设计计算实例 [M]．北京：科学出版社，2001．

[22] 鞠兴化，王社平，彭党聪，等．城市污水处理厂设计进水水质的确定方法 [J]．中国给水排水，2007，23（14）：48-51．

[23] 王晓莲，彭水臻．A^2/O 法污水生物脱氮除磷处理技术与应用 [M]．北京：科学出版社，2009．

[24] 王社平，等．污水处理厂工艺设计手册 [M]．2 版．北京：化学工业出版社，2011．